打造你的记忆脑

孙小辉 _____ 著

中国纺织出版社有限公司

内 容 提 要

学习有方法，记忆同样有方法。翻开这本书，让世界记忆大师孙小辉教你羽化成蝶，从对人生失去信心，到凭借记忆力闯出一片天。这本书不仅讲述了高效记忆的图像、联结、定桩技术，还分享了详细的记忆案例。你可以亲身体验如何快速记住古诗、文言文、现代文，也可以掌握快速背诵选择题、填空题、简答题的技巧。如果你坚持练习，一周背下整个学期的英语单词或者几天背下一整本《道德经》也绝非难事。

世上无难事，只怕有心人。若你还只是记忆法的门外汉，对记忆方法感到既好奇又怀疑，那么不如跟随作者的脚步，在练习中感受自己的进步。相信你读完这本书后一定会有所收获。

图书在版编目（CIP）数据

打造你的记忆脑 / 孙小辉著. --北京：中国纺织出版社有限公司，2023.3
ISBN 978-7-5229-0320-0

Ⅰ.①打… Ⅱ.①孙… Ⅲ.①记忆术 Ⅳ.①B842.3

中国国家版本馆CIP数据核字（2023）第016638号

责任编辑：郝珊珊　　责任校对：高　涵　　责任印制：储志伟

中国纺织出版社有限公司出版发行
地址：北京市朝阳区百子湾东里A407号楼　邮政编码：100124
销售电话：010—67004422　传真：010—87155801
http://www.c-textilep.com
中国纺织出版社天猫旗舰店
官方微博 http://weibo.com/2119887771
天津千鹤文化传播有限公司印刷　各地新华书店经销
2023年3月第1版第1次印刷
开本：880×1230　1/32　印张：6
字数：168千字　定价：58.00元

凡购本书，如有缺页、倒页、脱页，由本社图书营销中心调换

推荐语

很多人问，参加益智类节目的选手是不是天赋异禀，异于常人？我接触下来发现，他们的确具备一定的先天条件，但后天对自己脑力的开发与训练同样至关重要。俗话说，脑子越用越灵，采用正确的方法使用脑子，可以说是灵上加灵。没有靠躺平就能赢的天才，孙小辉接受脑力训练、参加脑力竞赛和参与相关科学测试的经历也有力地证明了这一点。希望这本书所分享的一些经验，能够对您开发大脑记忆功能的尝试有所帮助。

蒋昌建

复旦大学知名学者、江苏卫视《最强大脑》主持人

人类最永恒的情感莫过于重逢，而我们重逢前人最有效的方法是关联捕捉，唤起关联的最有效方法就是提升记忆的厚度和搜索的技法……你看过多少不如你记住多少，打开一本书就能获得一种思维的路标，这是孙小辉的钥匙，快利用它来升级迭代你的大脑。

张春蔚

阳春科技创始人、资深媒体人、
CCTV《等着我》第四季主持人、中国之声特约观察员

初识小辉，还是数年前，那时，他与其他记忆大师一起，来我校做心理学和大脑的实验。经别人介绍后，我立刻敬佩其记忆能力的获得及努力过程。现在拿到这本书，也很难想象这几年来，他又做出如此的成就！该书所呈现的，不仅是记忆的知识，更是奋斗的知识。这就是小辉，总是以自己的方式帮助身边人。谢谢小辉！

胡谊
华东师范大学教授、博士生导师

自强不息的小辉，永不放弃的小辉，常怀感恩之心的小辉，永远在前行！

胡秀容
小胡鸭公司董事长、湖北政协委员

记忆是与人类文明进步、传承相关的最重要、最神奇的脑功能。中国首位残疾人世界记忆大师孙小辉自强不息的人生故事和对超级记忆的应用经验将为读者的大脑带来独特的享受。

李卫东
上海交通大学教授、中国超级大脑人才库主任

推荐语

孙小辉老师,从小患有小儿麻痹症,走路走不稳,吃饭筷子拿不起来,却成为中国第一位残疾人世界记忆大师、《最强大脑》选手和专攻青少年记忆力提升的专业教练。

他曾用 2 天的时间,把一本《道德经》倒背如流;他也曾教众多中小学生用 3 天的时间,把一个学期的英语单词记住;他曾克服万难进行全国演说,教会成千上万的中小学生如何高效用脑、记忆和学习,并教导孩子如何成为生活的强者。

从这本书中,你不仅会学习到不可思议的、有趣的和高效的记忆方法,还会感受到孙小辉老师那颗充满爱的心和坚毅的人格魅力,从而在学习能力和心灵上得到非凡成长!

苏新民

世界记忆大师教练、

中国首位世界脑力锦标赛选手总教练

中国人最宝贵的财富就是中国人的精神,有吃苦耐劳、艰苦奋斗的精神,有敢为天下先的精神,有持之以恒、坚持到底的精神,有矢志不渝、实现理想的精神。孙小辉老师在砥砺前行的过程中拥有的就是这样的精神。在这本书中,孙老师把个人人生经历和在脑力开发中的探索经验有机结合在一起,既有个人立于天地间的非凡领悟,又有作为一名教育工作者勇于探索、勇于实践的博大情怀。其中的学习方法、记忆技巧、实战演练值得万千学子学习，而孙老师的人生领悟、思想精神更是熠熠生辉，值得我们共同传播。

张有斌
精英脑库教育首席讲师、北京奥运会英语教练

如果你听过或者看过《最强大脑》《挑战不可能》和世界记忆锦标赛等，那孙小辉这个人你一定是绕不开的。他没有过人的天赋，也没有多高学历。相反，从小就患有小儿麻痹症的他是用坚强的意志和不懈的努力才克服了诸多困难，取得了许多学历高、身体好的人都达不到的成就："世界记忆大师""《最强大脑》明星选手"、政协委员、慈善家……所以，不论你是学生还是家长，我都强烈推荐你读读孙小辉老师这本充满人性光辉的书，孙老师不仅毫无保留地告诉你科学、高效的记忆方法，更跟你分享了生命的意义和人生的价值。

李清平
世界记忆大师、中国超级大脑人才库成员、
《眼脑直映高效记单词》作者

小辉是我见过的最励志的世界记忆大师。他不仅有坚强的意志、不屈的精神，获得成就后也不忘回馈社会，帮助更多的人。他写的记忆法书籍不仅可以帮大家找到高效记忆的

推荐语

方法，也可以影响更多人坚韧成长！

刘苏
世界记忆锦标赛冠军、世界记忆冠军教练、
东方巨龙教育创始人

孙小辉老师凭借惊人的意志，克服诸多不利因素成为世界级记忆大师，并用他的专业知识和精神影响着越来越多的学习者，相信你一定能从本书中获益。

李威
世界记忆大师、《最强大脑》中国队队长

如果你现在学习效率很低但依然对未来抱有希望，那么你一定要读一下孙小辉老师的这本书。他传奇的经历和书里的记忆方法一定会给你带来心灵和思维的双重震撼，没准下一位记忆大师就是你！

周强
记忆九段世界杯赛创始人

孙小辉老师是带着使命来到这个世界的，他克服了小儿麻痹症导致的身体限制，成为"世界记忆大师"。他因此变得更加自信，也将大脑教育作为事业，让自己过上自立富足的生活，也让无数人因此轻松记忆、高效学习。通过

阅读这本书并且刻意练习,相信你也可以为大脑赋能,让生命绽放!

袁文魁

世界记忆总冠军教练、大脑天赋潜能激活师、作家

前言 PREFACE

大家好，我是孙小辉，中国第一位残疾人世界记忆大师。相信有读者曾经在《最强大脑》上面看过我的节目，我挑战的是"虹膜识人"这个项目（虹膜就是我们眼球表面的一层图案）。现场，我要在两小时内记完100张虹膜图和它们所对应的姓名。周杰伦作为监考官，他随意抽出了一张虹膜图，让我辨认出这张虹膜图所对应的姓名，结果我一眼就辨认了出来。

之后我陆续登上了中央电视台和其他媒体的一些舞台，向全国的观众们展示我的记忆力。很多人对我超强的记忆力产生了浓厚的兴趣，而我残疾人世界记忆大师的身份，也引起了他们强烈的好奇。

"孙小辉，作为一个残疾人，你是怎么能做到常人都做不到的事情呢？你这么好的记忆力是天生的吗？我的记忆力可以提升吗？"

我写这本书，目的就是跟大家分享我的人生经历和"最强大脑"的超级记忆法。我要告诉大家，像我这样一个残疾人都能够学好这种方法，都能够自立自强，读这本书的你一定可以学会并且做得更好。

我出生在湖北古城荆州的农村。我出生的时候非常健康，我的出生也给全家人带来了无尽的喜悦和欢乐。但是天有不测风云，就在我 4 岁的时候，我突然得了一场怪病，从此之后，走路变得一瘸一拐。

我的爸爸妈妈非常着急，他们带着我四处求医问药，然而 4 年过去，我的病情没有丝毫好转。可是我的家人没有放弃我，他们依然带着我四处奔波，见了一个又一个的医生。

在我 8 岁的时候，我的爸爸为我找到了一位所谓的"神医"，这个医生很自信地对我们说："我可以把你孩子的病治好"。我们全家人听到这句话的时候，都开心极了。

可是这个医生却跟我们开了一个天大的玩笑，他把我们全家人推入了痛苦的深渊。让我们万万没有想到的是，这个医生竟然用烧红的银针在我身上从头扎到脚。

当烧红的银针扎到我的额头时，我的皮肤发出"嗤"的声音，随之我发出撕心裂肺的惨叫。我的爸爸在旁边流着眼泪，他拼命地按着我，对我说："孩子，忍住，忍住你的病就可以好起来。"

这是我长这么大，第一次看到如此刚强的爸爸流眼泪。可事与愿违，我的病不但没有好起来，反而因为烧红的银针扎坏了神经，一双原本健康漂亮的双手快速萎缩起来，到后来，竟然伸也伸不直了。

自从生病以后，我变得非常自卑，因为无论我走到哪里，都有人向我投来异样的目光。我记得，有一次在班上，一个同学指着我的鼻子喊道:"孙小辉,你什么都不会做,你只能被父母养一辈子,你就是一个废物!"

当这个同学喊完最后一句话的时候,全班同学哄堂大笑。我痛苦极了,我在内心呐喊:"我不要被别人瞧不起,我不要拖累父母一辈子!"

所以,在很小的时候,我经常会思考一个问题:我该怎样改变我的人生?我不甘心被别人瞧不起。后来,我发现读书学习是我这一生唯一能走的路。

当其他同学在玩的时候,我在书桌旁静静地看书。我记得,我在读初一的时候,有一篇文言文对我来说背诵特别困难,背了好久都没有背下来。后来,竟然连语文老师都对我失去了耐心。

有一次,她找到我,非常严厉地对我说:"孙小辉,你真的太不争气了,你的身体这么糟糕,还不知道发愤图强,努力学习,我真的不知道你今后该怎么生存!"

当我听到老师恨铁不成钢的斥责的时候,我多么渴望我的学习能力再强一点,成绩再好一点,不让老师这么生气。我的内心充满了愧疚,我在想,到底通过什么方式才能提高我的学习成绩呢?

从那时起,我就有了一个愿望,如果有一天我能一目十行、过目不忘该多好啊!后来我开始有意识地去寻找更好的学习方法。我喜欢看书、看报,有一次,在很偶然的情况下,

打造你的记忆脑

我在一份报纸上看到了一篇关于超级记忆法的报道。

我兴奋极了，一口气读了好几十遍。这不正是我日思夜想的记忆方法吗？于是我买了人生当中的第一套记忆书，如饥似渴地训练了起来。过了一段时间，我惊奇地发现，我一次就可以记住随机的二三十个数字或者词语，并且能够倒背如流。

我对记忆法的探索变得一发不可收拾，我走遍了整个城市大大小小的图书馆、书店，想尽办法去借、去买关于记忆方法的书。我也开始在网上大量地查阅关于记忆方法的资料。

照着这些书的方法，我开始大量地尝试。我的记忆力得到了飞速提升，竟然可以在一小时内轻松记完一百多个单词，而且在很短的时间内，就背下了整本的《论语》《道德经》《唐诗三百首》《新概念英语2》等。

我的成绩突飞猛进，我开始成为别人眼中的焦点。之后，经过层层选拔和比赛，我获得了中国记忆锦标赛人名头像项目的全国冠军，进入了国家队，后来竟然有资格能够代表中国去参加世界记忆锦标赛。

在那场全球瞩目的赛场上，我与来自三十多个国家，接近二百名世界顶尖高手进行了三天激烈的角逐。我以优异的成绩获得了"世界记忆大师"的称号，并且在虚拟历史事件项目中获得了一块银牌，为国家赢得了荣誉，成为中国首位残疾人"世界记忆大师"。

因为努力和机遇，我才有了巨大的成长。现在，我在广州有了自己的事业，开始朝着自己向往的生活迈步。

这么多年，一路走来，虽然拖着残疾的身体，步履蹒跚，但我始终坚信，唯有自强不息才能改变命运。

在这本书里，我将把我面对困难、挫折的人生态度，以及学习超级记忆法的心得毫无保留地分享给你们，愿你们每个人都能得到收获。

也祝愿你们每一个人都学有所成，实现人生的梦想。

孙小辉

2022 年 9 月 23 日

第一章 我的成长之路

第一节 4岁,命运跟我开了一个天大的玩笑 　　003

第二节 记忆法,人生的另一扇窗 　　006

第三节 世界记忆锦标赛,华丽转身 　　011

第四节 面对生存,必须全力应对 　　016

第二章 记忆训练基本功

第一节 学习记忆法常见的疑问 　　023

第二节 影响记忆力的因素 　　027

第三节 记忆训练前的准备 　　030

第四节 抓住重点,记忆更深刻 　　032

第五节 打掉记忆路上的拦路虎——抽象词 　　034

第六节 联想配对训练 　　039

第七节 故事法和字头歌诀法 　　047

第三章　记忆宫殿之定桩法

- 第一节　身体定桩法　053
- 第二节　万事万物定桩法　057
- 第三节　地点定桩法　060
- 第四节　数字定桩法　068
- 第五节　标题定桩法　072
- 第六节　人物定桩法　073
- 第七节　熟语定桩法　078

第四章　记忆法实战应用

- 第一节　现代文、文言文、古诗词的记忆方法　085
- 第二节　零散知识的记忆方法　108
- 第三节　中文字词的记忆方法　114
- 第四节　数字、中文、英文的混合记忆方法　117
- 第五节　简答题的记忆方法　126
- 第六节　常见职场考试的记忆方法　129
- 第七节　倒背如流一本书的秘诀　132
- 第八节　扑克牌的记忆方法　137
- 第九节　人名面孔的记忆方法　141
- 第十节　图形及色彩的记忆方法　145

第五章　单词的记忆方法

第一节　字母编码法	151
第二节　字母（组合）+熟词法	154
第三节　熟词分解法	158
第四节　谐音法	160
第五节　拼音法	162
第六节　形似比较法	164
第七节　字母换位法	165
第八节　词中词法	167
第九节　综合法	168

附录　　　　　　　　　　　　　　　　　　　　171

结语　　　　　　　　　　　　　　　　　　　　173

第一章
我的成长之路
CHAPTER 1

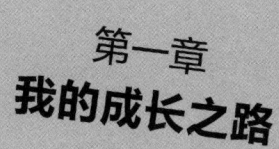

第一章 我的成长之路

第一节
4岁，命运跟我开了一个天大的玩笑

从4岁开始，我就被贴上了一个标签：残疾人。而在8岁之后，原本健康的双手也因为医生的错误治疗而变得再也伸不直了。

自从生病之后，我就发现人们看我的眼神变得不一样了，无论我走到哪里，他们都会对我指指点点。我去上学的时候，有很多不懂事的小朋友在我身后模仿我走路，还给我取很难听的绰号。

每当这个时候，我都会非常生气地跟他们争论。在争论的过程当中，我被他们推倒在地，而他们就这样兴高采烈地跑开了。我委屈极了，又气又恼。

渐渐地，我变得非常敏感和自卑。我敏感于他们的眼光和他们细微的声音和表情。我也非常羡慕那些身体健康的同学。我在想，如果有一天，我能有像他们一样健康的身体，那该多好啊！

我就这样慢慢地长大，和同学们一样去上学。因为身体的原因，我变得很好强。

中考之后，原本我可以继续去上高中的。但是我被一位高中校长拒收了，不是因为我的分数（我的分数超过了当地一所重点高中实验班的分数线），而是因为我残疾的身体。

这位校长对我爸爸说："高中不属于义务教育，而且你孩子的身体条件太差，即使考上大学，大学也不愿意收残疾人，我们学校没有办法接收你的孩子。"

我爸爸向其他几所高中的校长求情，但收到的都是一样的回复。无奈，我就这样辍学了。我无比失落地回到了在农村的家。我每天心心念念着去上学，甚至无数次梦到了自己上学的样子。走在大街上的时候，我特别怕碰到熟人和同学，特别怕他们问我："为什么没有读书了？"

我的爸爸起初指望我学一门手艺，能够养活自己。爸爸希望我学习如何做衣服，因为我们村有这样一个残疾人，就是靠帮别人做衣服来养活一家人的。

可是我的这双手根本无力握住一把剪刀啊！学做衣服这件事情成了空想，我的爸爸也变得迷茫，他也不知道我能学什么技能。

在家里，我每天都感觉非常煎熬，不知道未来自己还能做些什么。我把自己关在不到10平方米的房间里，变得极度焦虑、痛苦，没有人能理解我的心情。我每天就这么百无聊赖地面对着太阳升起、落下，在家混吃等死。

我对这一切受够了。我无数次想到要离开这个世界，甚

第一章　我的成长之路

至也想到了了结自己的方式。我想到了去跳长江,结束我这卑微的一生。我坐了近一小时的车来到了长江边上。此前,我已经在脑海中无数次想象自己跳进长江的样子,可是当我真正来到长江边上的时候,我突然想起了我的父母。如果我就这样轻生了,父母该多么伤心啊!更何况别人会再次嘲笑他们,说他们有一个不争气的孩子。想到这些,我放弃了自暴自弃的想法。

我要振作起来,我要努力学习,我要学会一技之长,我要养活自己!

从那以后,我每天都在琢磨一件事情——我怎么才能学会一技之长。我非常喜欢看书,于是我开始按照书里面的一些方法去尝试做一些事情。

我按照书里面的方法去养鸡。我让妈妈帮我买了4只小鸡。我每天细心地给这4只小鸡喂饲料和水,每天记录它们的状态。两个月的精心饲养后,我把这4只鸡养得非常大,我有了一股成就感。我还自己在家里尝试发豆芽。

除了养鸡、发豆芽,我还尝试过做馒头,因为我发现大街上很多人早餐会吃馒头。我在想,馒头制作起来非常简单,只需要面粉、水还有酵母。

于是我买回了面粉和酵母,按照书里面的方法去做。可是我的这双手做出来的馒头,一个个奇形怪状、面目狰狞,好像一个个在嘲笑我似的。我非常生气,就把它们一个个吃

进了肚子,狠狠地教训了它们一顿。

经过各种各样的尝试和思考,我总结出一定的经验:像我这样的身体,终究不适合做体力活,而适合做脑力活。想来想去,我还是最喜欢读书。我觉得读书可以增长见识,更适合我找到出路。

于是我拿出了高中课本打算自学,但看了几天就昏头涨脑。因为要背的文章、公式、单词、各个学科的知识点太多了。如果要像以前那样死记硬背,只是靠着蛮力,在没有老师的情况下,恐怕要学习到猴年马月。我开始思索,有没有更好的方法来提高学习效率呢?

第二节
记忆法,人生的另一扇窗

我们常常说,当上帝为你关上一扇门的时候,他一定会为你打开一扇窗,只要你不放弃努力。

一次偶然的机会,我在一份报纸上看到了超级记忆法的报道。因为这一份报纸,我的人生翻开了崭新的一页。

为了提高记忆力,我开始了疯狂的探索,阅读了大量相关的文章。由于家里没有电脑,我经常要走到街上的网吧去上网查资料。我走遍了整个城市大大小小的图书馆去借书,成了很多大学图书馆的常客。我发现了大量好的记忆方法，经过不断的实践和探索，我的记忆力在短时间内有了大幅度的提升。

我能在短时间内轻松记住大量的单词和课文。因为记忆力的提升给我带来了巨大的成就感，我开始在家自学高中课程。

后来我还报考了汉语言文学专业的自学考试，在一年半的时间里就考过了本科的绝大部分课程。我不断地将探索到的记忆方法用在学习上，而学习效率的提升让我自己都感觉到吃惊。

自学记忆法两年多之后，我在想，总是一个人在探索，有没有办法让更多人知道我的想法和心声呢？我希望找一些志同道合的人。

通过什么途径能够让别人知道我呢？想来想去，我灵光一闪，想到了报纸。在当年，网络还没有如今这么发达，报纸是人们获取信息的一个重要途径。于是我就给报社打了一个电话，我对接线员说："我要给你们提供一个很重要的新闻线索。在我们荆州当地，有一个人记忆力非常厉害，不管你给他数字、词语，还是英语单词，他都可以在很短的时间内把它们记下来。"

接线员好奇地问："这个人在哪里呢？"于是我把我的地址告诉了接线员。不到半小时，报社就派记者找到了我。

我拿出了早就准备好的两本古文书，一本《道德经》、一本《论语》，放在了记者的面前。

我对记者说："这两本书我已经都背下来了，你可以随便抽查我，我可以背出你指定的任何页数的全部内容。你随便念一句话，我可以告诉你这句话出自这本书的第几页、第几行。"

这位记者有点怀疑地说："是吗？"她拿起了这两本书，开始抽查我。不管她怎么提问，我都能对答如流，我倒背如流的能力让她感觉非常惊讶。

抽查完书之后，我对记者说："我还可以很轻松地记下大量的数字。"我说："你可以随意写下100个毫无规律的数字，我看完就可以背出来。"

于是这位记者随机写下了100个数字，我在不到80秒的时间内就记了下来。在她面前，我把100个数字正着背了一遍，又倒着背了一遍。

当她亲眼见过我的这些能力之后，已是瞠目结舌。她非常好奇地问我："你的记忆力太厉害了！你是怎么做到的？"

我告诉了她我学习记忆法的经历，这位记者很认真地在她的笔记本上记录下我说的话。我感觉自己长这么大，从来没有人这么认真地听我讲话。

采访持续了两个多小时，记者非常详细地询问了我的经历。临近结束的时候，记者问我："孙小辉，你以后打算做

第一章　我的成长之路

些什么呢?"

我对记者说:"我以后的目标是成为一名记忆专家,把我所学的好的记忆方法跟更多人分享,提高他们的学习效率。"记者鼓励我说:"你的目标一定会实现。"听到了这句话,我内心受到了很大的触动。

没过几天,我们当地的主流报纸《荆州晚报》就以"荆州有个记忆超人"为标题整版报道了我的事迹。报纸登出之后,在当地引起了不小的轰动。

有一些人开始关注我了,他们向我询问如何提高记忆力,甚至还有学生家长开车不远百里送孩子来向我学习记忆法。我高兴了起来,原来我并不是一无是处,原来我的记忆力比别人要强很多。

有一天,我接到了一个陌生的电话,电话那头对我说:"你是孙小辉吗?"我说:"是啊,你是哪位啊?"后来我才知道,给我打电话的是世界记忆锦标赛的教练。

他告诉我,他在网上看到了关于我的一篇报道。他很感动我这么多年来一个人在自学记忆法,且有了不小的收获。

他说:"2010年世界记忆锦标赛在中国广州举办,中国队取得了非常辉煌的成绩——中国队团体成绩排名世界第一。基于中国主办方办赛这么成功,世界记忆锦标赛组委会决定第二年的比赛主办权仍然授权给中国。"

教练对我说:"你很有必要去参加这个世界记忆锦标

赛,去赛场上展现一下你的能力。"我听到教练的话,激动极了。

当时我听说世界上只有89个"世界记忆大师",而其中只有一个残疾人"世界记忆大师",他是一个德国人,名字叫约翰·马劳。我发现中国的残疾人还没有去参加过这个比赛,我应该为这个群体去争光,为中国去争光,去和这些身体健康的选手一较高下。

我要成为中国首位残疾人"世界记忆大师"。当我有了目标之后,我就开始为这个目标努力了。我开始频繁地和教练沟通,希望得到他的帮助。教练告诉我,想要得到他的帮助,就需要去武汉参加他的选拔赛,如果入围了就有资格接受他接下来的训练;如果没有入围,那只能自己回家做训练了。

我怀着非常忐忑的心情来到了武汉,和来自全国各地的一百多位选手参加了选拔赛。比赛时间为期一天,要进行三个项目的考核。

所有的选手都非常认真地对待这次比赛,在赛场上激烈比拼着。每一次比赛完,裁判都会快速地统计出成绩,并且当众公布前10名。每当裁判公布成绩的时候,大家都屏住呼吸,紧张地聆听着自己的成绩排行。

下午最后一项成绩比完之后,裁判开始快速地统计分数并进行成绩总排名。成绩终于要揭晓了,所有的人都翘首以

第一章 我的成长之路

待。因为这一次的成绩决定着有些人要留下来,而有些人要离开。

裁判开始公布成绩,成绩从第10名往前公布。每当裁判念到一位选手的名字,选手都会站起来,接受大家给予的热烈掌声。我非常忐忑,面对这么多的高手,我能入围吗?我可不像他们都接受过专业的训练。

裁判一个个公布成绩,每个人都很紧张。当裁判准备公布本次选拔赛总冠军名字的时候,所有人都屏住了呼吸。总冠军会是谁呢?裁判念出了我的名字,我感觉非常意外!我不好意思地站了起来,全场为我热烈地鼓掌。

我开心极了,教练跑过来祝贺我,说我有资格入围他们的集训团队。有不少人跑过来和我交流,有要我的联系方式的,还有问我是如何训练的。我非常开心,我想我还是有优点的。

第三节
世界记忆锦标赛,华丽转身

因为选拔赛的成绩不错,我有资格加入教练的集训团队,跟着队员一起训练,为当年的世界记忆锦标赛做准备。

比赛需要花不少钱,可是我当时身上总共才不到200块钱。想想我家里艰难的处境：妈妈因为常年工作身体不太好，妹妹还在读书，我身患残疾，爸爸一个人要养活一家四口人。因为比赛的高额费用，要给家里增添沉重的负担，想起来就于心不忍。

我怎么才能筹到比赛的费用呢？毕竟记忆法已经自学4年了，我不能放弃这一场比赛啊。比赛的费用成了我心中沉重的负担，我每天都在思考怎么解决这个问题。

有一天，我突然想到了我曾经在电视上看到有些企业家在做慈善活动，捐助那些需要帮助的人。于是我就开始收集家乡当地一些企业的电话，一个个地给他们打电话，向他们求助。

当我鼓起勇气给第一家企业打电话的时候，电话接通了。于是我跟对方说："你好，我是孙小辉，我是一个残疾人。我要参加世界记忆锦标赛，我想成为中国首位残疾人'世界记忆大师'，我想为国家争光，但是我在比赛的资金上面有困难，我希望得到你们的帮助。"当我说完这些话后，对方很不耐烦地说没有办法帮助我，就挂断了电话。我继续拨打我收集到的其他电话，收到的都是拒绝。

我不知道打了多少个电话，收到的都是拒绝。面对这些拒绝，我还是不死心。有一天，我拨通了当地一家很有名气的公司的电话，我心情急切地对接线员说："你好，我是孙小辉，我是一个残疾人。我要去参加世界记忆锦标赛，也就

第一章 我的成长之路

是世界上最顶尖的记忆力比赛，我已经准备4年多了，我很有把握获得好成绩。我希望成为中国第一位残疾人'世界记忆大师'，为国家争光，也希望以后能够回报你们公司，我希望你们在比赛的资金上面能给我一些支持。"

接线员对我说："你等两天吧，我们到时候再回复你。"我在家焦急地等了两天，没有收到任何消息。第三天我又打了过去，我对接线员说："你好，我已经为这个比赛准备好多年了，我希望能够去比赛，目前比赛资金遇到了困难，希望能够得到你们的支持。"

或许是我的坚持和诚恳打动了这位接线员，接线员说："我刚刚看到我们总裁回来了，我把她的电话告诉你，你直接联系她。"

听到这句话我高兴极了，我连连说："好的，好的。"我快速记下了接线员给我的电话号码，迫不及待地打了过去。经过几次沟通，这位总裁了解了我的实际情况。有一天，她告诉我，我可以到她的办公室去领她给我的赞助。

我来到了她的办公室，这位总裁把3000元的现金放到了我的手上。这是我人生拿到的第一笔赞助。当我拿到这一份沉甸甸的爱心的时候，我感动极了。这位总裁鼓励我，让我好好训练，期待我优秀的表现。

后面我又陆续收到了残联、公路局以及团委对我的一些资助，而更让我开心的是，因为我的表现一直不错，教练所

013

在的公司决定对我参加中国赛和世界赛期间的交通费和食宿费进行赞助。这些资助让我不再为比赛的费用而发愁，我能够沉下心来全力准备比赛。

当我开始全力准备训练的时候，我发现要训练的内容可真多。世界记忆锦标赛有10个项目要考核：随机数字、马拉松数字、二进制数字、听记数字、虚拟历史事件、快速扑克牌、马拉松扑克牌、随机词语、人名头像、抽象图形。

而当年，要获得"世界记忆大师"称号，至少要在世界赛场上同时达到三个标准：两分钟之内记下一副打乱顺序的扑克牌；一小时内准确无误记住1000个以上打乱顺序的数字；一小时记住10副以上打乱顺序的扑克牌。而只有在中国赛中总排名在前20位才能有资格进入世界赛的赛场。

数字记忆是我擅长的，扑克牌项目却让我犯了难。因为我的手没有什么力气，根本拿不住一副牌。而"世界记忆大师"的考核项目就有两项涉及扑克牌，我的这双手推牌、记牌的速度太慢，离比赛的标准差远了。看着队员们轻松地把牌拿在手里推牌、记牌，我羡慕极了。

教练也替我捏了一把汗。大家担心的是，即使我其他项目的成绩都很好，但是扑克牌的项目没有过关，也不能获得"世界记忆大师"的称号。

因为手的原因，我在扑克牌的训练上一时遇到了巨大的困难。等我用手艰难地把牌打开并记下来，至少要10分钟。

第一章　我的成长之路

尝试来尝试去，我后来终于想到了一个方法，就是把牌铺在桌子上一张一张地去推。

练习了很多次，效果都非常不理想。可是我不能放弃啊，如果放弃了，怎么对得起帮助我的人？我每次都在做总结，或许是努力的次数多了，记牌的速度有了快速的提升。

从10分钟到5分钟、3分钟、2分钟，再到1分钟……到后来，我竟然可以在46秒内记下一副打乱顺序的扑克牌。

为了能在扑克牌项目的成绩上取得突破，我整整准备了8个月的时间，练习记忆了超过7000副扑克牌。如果把这些扑克牌的盒子竖着垒起来，有630米高，比中国最高塔广州小蛮腰还要高。如果把这些牌首尾相连，有32760米长，相当于绕400米标准跑道跑上82圈。

疯狂的练习令我取得了非常不错的进步。2011年11月，我参加中国记忆锦标赛，获得了人名头像的全国冠军，总成绩排行中国前10，从而有资格能代表中国去参加世界记忆锦标赛。当年12月份，我与来自30多个国家，接近200名世界顶尖记忆高手进行了3天激烈的角逐。终于，我以优异的成绩获得了"世界记忆大师"的称号，成为中国首位残疾人"世界记忆大师"。同时，我还在虚拟历史事件项目中获得了一块银牌，为国家赢得了荣誉。

当我站在颁奖台上，世界记忆锦标赛创始人托尼·博赞先生亲自为我颁奖并向我竖起了大拇指。我开心极了，经过

015

不懈的努力，我的目标终于实现了。

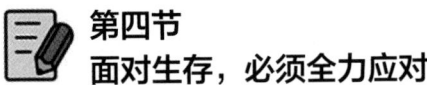
第四节
面对生存，必须全力应对

当我实现了成为"世界记忆大师"的目标之后，我又开始了思考。我接下来具体能做些什么？我应该做什么样的职业？我应该拿什么来立足社会？我该怎么生存？

生存，对于一个残疾人来说，是一个天大的考验。我在想，我可以帮助别人提高记忆力啊。于是和朋友商量了一下，在老家开了一个辅导班来专门做记忆力培训。

每天大家都热情高涨地去发传单，去给路人介绍，向每一位上门的家长热心地讲解，只要有一个同学报名学习都兴奋得不得了。

我开始对记忆方法进行整理，自己编辑教材。我对每个上门的同学都进行个性化的教学，没过多久，学生收到了不错的效果。看到学生的进步，我沉浸在巨大的喜悦当中。我期待着能够把这份事业慢慢做大，能够帮助更多的同学提高记忆力。

可是好景不长，因为合作伙伴出了意外，资金链断裂，辅导班没法做下去了。突然到来的打击让我一时不知道如何

第一章 我的成长之路

是好，我感到非常惶恐。

可能是受到这件事的影响，我希望能够找到一个更大的平台，让我有机会不断地对记忆方法进行研究和教学。一个朋友告诉我，有一个在记忆力教学和演讲方面都很厉害的老师要到海南创业，希望招收一批新的老师，问我感不感兴趣。我真是求之不得啊，一口就答应了下来。于是，我从湖北一下子就来到了海南。

对于当时的我来说，海南只是出现在新闻当中的一个地名，我对它一无所知。为了能够更好地生存，我决定在这里努力学习和工作。

带着无比期待的心情，我来到了新公司。公司的领导和员工对我很欢迎，为我举行了隆重的欢迎仪式。我在台上秀了一把我的超强记忆力，全场都沸腾了。

我很顺利地融入了新公司的氛围当中。在海南工作的两年，是我生命当中非常难以忘怀的两年。我这样一个患过小儿麻痹症的残疾人，在千里之外的陌生地方独自生活，人生之路是沉甸甸又步履维艰的。

在海南，人生地不熟，工作之余忍受着孤独。闲暇时我都会用看书来打发时间。后来整理发现，两年间我竟读了100多本书。

在海南工作期间，我对记忆法的体系有了更深刻的理解。经过长时间的磨炼，我站在台上，也能够更加自信、从容地面对多人教学和演讲。

而让我感到非常幸运的是，江苏卫视《最强大脑》节目组的导演从南京不远千里来到海南找到我，希望我能去参加《最强大脑》节目的挑战。节目组的导演对我说："希望你能够站在《最强大脑》的舞台上，向全国的观众展示你超强的记忆力和顽强不屈的精神，激励更多的人好好生活。"

听到这个消息，我非常激动，盼望着能够早日登上《最强大脑》的舞台，一展自己的风采。我如愿了，挑战"虹膜识人"这个高难度的项目，并获得成功。

节目一播出，收到了非常好的效果，不管我出现在大街小巷还是高铁飞机，都有人认出我，让我着实过了一把明星的瘾。

没过多久，我收到了上海交通大学和华东师范大学的邀请，与一批《最强大脑》的选手一起去韩国做大脑实验。在韩国一所知名的大学，我们做了详细的大脑实验。我对一系列的实验设备和数据充满了好奇。实验之余，我们还受到校方的邀请游览了首尔的美好风光，感受了韩国的风土人情，品尝了韩国的美食。现在回想起来，这真是一段难忘的经历。凡事皆有因果，能够有这么精彩的一段时光，来自之前多年的付出。所以，我更加坚信，要想过上幸福的生活，一定要努力奋斗。

在海南工作两年后，我希望自己的人生有一个更大的提升。一次偶然的机会，我收到一个老师的邀请，希望我到广州看看。我心想，那好啊，去广州看看有没有发展空间。当我来到广州的公司，下车瞬间就看到公司的门口挂着横幅，热烈欢迎我的到来。公司所有的领导、老师对我的到来表示出了热烈欢迎，我既惊讶又感动。我在这家公司考察了几天，受到了公司所有人无微不至的关心，感到了浓浓的温情。

当我要离开的时候，公司的领导对我说："非常希望你能够留在我们公司。"我非常爽快地答应了下来。

在接下来一年的时间里，每天和这么优秀的同事一起工作和学习，我时时刻刻感受到了充实。我拼命地学习，演讲水平和教学水平都得到了大幅度的提高。

于是，我和志同道合的两位同事、挚友，世界记忆大师李清平老师、叶雄老师，放弃了优厚的待遇，从公司辞职出来创业。到目前为止，我们已经帮助了3万多名学员。

在我的人生中，我始终感觉到生存的危机。面对生活中的巨大挑战和残疾的身体，我显然要比别人付出得更多才有可能看见生活的一丝曙光。

面对人生的挫折甚至苦难，我已经做好了准备。我常常用高尔基的一句话来激励自己："让暴风雨来得更猛烈些吧！"

第二章
记忆训练基本功
CHAPTER 2

第一节
学习记忆法常见的疑问

很多朋友在开始学记忆法的时候会有很多的疑问，接下来，我就来逐一解答。

问：学习记忆法需要天赋吗？我看到电视上那些世界记忆大师、《最强大脑》选手，他们好厉害啊。我没有什么天赋，我是不是不行呀？

答：记忆法只是一项技能，它和游泳、开车、做饭一样，只要你掌握方法，反复练习就可以做到。

问：是不是只要学会了记忆方法，以后学习就万事大吉了，不用再努力了呢？

答：有这种想法的人太天真了。学会了系统的记忆方法，对学习当然会有非常大的帮助，但是你也不能减少努力呀！因为在未来，你可能会学更多的知识，面临更大的挑战，丝毫不能放松努力。

问：学了记忆方法，是不是就能够过目不忘？

答：熟练掌握了记忆方法，确实可以让你记东西更快、更持久。但我们在记忆的时候，还是要遵循复习的规律，因为大脑容易遗忘。建议大家按照艾宾浩斯遗忘曲线来复习，让你的记忆成为长时记忆。

问：学习记忆法需要多长时间呢？

答：这个要因人而异了。有些人在学习记忆法这个事情上，每天花的时间比较多，自然学习的周期就比较短；有些人则恰恰相反。比如，对我来说，因为我接触记忆方法的时候有非常浓厚的兴趣，所以只用一个星期就掌握了记忆方法的基本诀窍。当然，后面去参加比赛，成为世界记忆大师，这个过程花了不少时间。有句话叫"师傅领进门，修行靠个人"。好的方法就摆在这里了，能学得多好，要看你自己的渴望和努力程度。

问：老师，我的年龄都这么大了，还能够学好记忆方法吗？

答：能否学会记忆方法跟你的年龄无关，广东的邝丽群奶奶在2011年时以70多岁的高龄参加世界记忆锦标赛，还获得了全球老年组的总冠军呢！训练记忆力就像锻炼身体一样，只要你愿意，从现在开始就可以。

问：我感觉我的记性不太好，你能不能教我一招或者两招就能够提高我的记忆力，或者教会我快速提高记忆力的窍门？

答：首先，我要告诉你的是，在这个世界上。学习任何一项技能，要想学得好，都不是一招、两招就能学会的。切记，学习讲究一分耕耘，一分收获。再好的方法，再先进的工具，你不去花时间、花心思去研究它，去练习，到头来也是掌握不了的。这个时代充满了浮躁，很多人只想走捷径，总是想着不劳而获，这种思想万万要不得。

问：有没有什么食物吃了就能够提升记忆力的？

答：我经常会听到有人跟我说，吃什么食物可以提升记忆力。其实，很多食物确实能够给我们提供丰富的营养。在我们平时饮食的过程当中也要注意营养均匀，适当地补充一些营养丰富的食物。但这还远远不够，如果只讲究吃就能够提升记忆力，那我想当代绝大部分人就不会有记忆力差的苦恼了。要想提高记忆力，你还得通过专业的记忆方法来训练。就像你如果想让自己有一个强壮的身体，你就得经常参加体育锻炼或者体力劳动。

问：我发现记忆法里面有很多不符合逻辑的事情，而且老师讲的记忆方法很多是不符合常理的，在背诵古诗词、文言文的时候，甚至对本来的意思进行曲解，在我看来，是不合理的。

答：这是对记忆方法的误解。为什么大部分人感觉自己记忆力差，记不住？因为他们都是使用左脑的逻辑思维能力。逻辑思维能力非常好，它可以促使我们更好地理解和吸收知识。但是在记忆过程中，光有逻辑思维能力是远远不够的。比如，很多同学能够理解古诗词、文言文的意思，但是就是背不下来。那是因为他不能把这些抽象的文字转换成图像。而记忆方法的优势就是把这些枯燥的文字转换成画面，虽然这些画面充满了夸张，甚至不符合逻辑和常理，但是它会让你印象深刻，由此带来的记忆效果不仅比你死记硬背要好得多，还能促进你理解。这也是启动了你右脑的图像转换能力和想象力。所以，记忆方法是让我们左右脑协同运作的好方法。

问：为什么我学了记忆方法还是不会？

答：首先，要看你学的是不是正宗的记忆方法。市面上有很多不专业的人学了两招，自己掌握得都半生不熟，就出来招摇撞骗。一定要跟拿到资质的老师来学习。其次，得反思自己是否努力地按照老师教的方法踏踏实实地练习。同样是老师教，为什么人家学得好自己学得不好？最后，得向优秀的人看齐。子曰："见贤思齐焉，见不贤而内自省也。"

问：记忆方法对于原有的学习方法会有干扰作用吗？

答：我之前听到不少家长有这样的担忧。其实，学习记忆方法只有好处，它能让你的孩子摆脱死记硬背，在学习上更加轻松、高效。

问：我想通过学习记忆方法成为世界记忆大师或者《最强大脑》选手，可以吗？

答：当然可以呀！前提是你要掌握基础的记忆方法并勤加练习。我最关心的就是你能不能把所学的方法用于实际的学习、生活、工作。先得学以致用，如果学有余力，你就可以练习世界记忆大师或者《最强大脑》比赛的项目。训练的过程当中可以自学，也可以找教练。比赛训练的过程，也是一个不断突破自我、挑战自我的过程。通过一次又一次的比赛，你可以获得人生的成就感。

第二节
影响记忆力的因素

记忆是一件简单而又复杂、直白而又神秘的事情。许多人常觉得自己记忆不好，那么影响记忆力的因素有哪些呢？

一、身体

身体状态的好坏直接影响到你记忆的效率。如果你经常锻炼身体,你学习的效率肯定会更高。相关科学证明,人在锻炼身体之后,大脑的记忆区域会长出新的细胞和突触。同时,有氧运动会为大脑提供更多的氧气,这个时候你再去背书,效果好极了!

我虽然身体较不便些,当年在为参加世界记忆锦标赛做准备的时候,每天早晚也会散步一小时,同时要求自己一天做210个俯卧撑,分三次完成。几乎所有的队员都坚持体育锻炼。所以,我们的精神状态都特别好。

二、情绪

好的情绪会让记忆事半功倍。你可以把学习变成你生命中的一种乐趣,学会以苦为乐,因为学习让你的人生充满意义。

三、环境

尽量为自己创造一个安静的环境,远离手机、电脑、电视等电子产品,避免无谓的信息干扰到自己。

一些同学经常听着流行音乐去背书,这种做法是要不得的。流行音乐是用来表达创作者情感的,当你听歌的时候,你的情绪会随着音乐的变化而不断地出现波澜和起伏。当音乐高亢的时候你会很兴奋，当音乐低沉的时候你会很悲伤，你的注意力始终不能聚焦到你当下的事情上。

这就好比你在开一辆车，这辆车的方向盘却不受你掌控。一会儿向左开，一会儿向右开，一会儿向前开，一会儿向后开。我想要不了多久，这辆车就会翻车。

做记忆训练，静心很重要，要能够心无旁骛，专心致志。

四、记忆内容

人对于不同事物的天然记忆能力是有差异的。学习中，我们大部分要背的是文字、符号、数字，而大脑是很不喜欢这些东西的。大脑喜欢有图像的、有趣的、生动活泼的东西。

五、复习的策略

很多同学感觉记忆效率不高，其实原因在于，他们没有很好地采用复习的策略，或者干脆从不复习。

复习的策略经典又实用，只要你去做，效果就是立竿见影。那复习的策略是什么呢？

其实，我们可以按照德国著名学者艾宾浩斯的遗忘曲线来复习。当我们记忆完内容后，短时间内复习的次数越多记忆效果越好。一般的复习时间是记忆完成后的20分钟、1小时、2小时、1天、1周、1个月、3个月。

我们说，实践是检验真理的唯一标准。正是因为我严格按照艾宾浩斯的复习策略去复习。所以，我背诵单词、古文、考试内容的效率特别高。

第三节
记忆训练前的准备

根据影响记忆力的因素来进行记忆准备，自然可以事半功倍。首先，让我们的心平静下来，调整好自己的呼吸和情绪，集中注意力到当前的记忆任务。

冥想是一种非常有效的提高注意力的方式。在这十几年的记忆力训练当中，冥想帮了我的大忙。

每当我要做重要工作之前，我都会花上5分钟来进行冥想。冥想不仅能够让我快速集中注意力，还能大幅缓解我的压力。

在进行冥想训练之前，你可以找一个安静的环境，找一个舒适的地方坐下来，可以像平时上课一样端坐，双臂自然下垂，也可以双足盘坐，两手相扣，腰背挺直地打坐。把眼睛闭上，开始深呼吸，深吸一口气，慢慢地吐出来。

想象你躺在一片草地上，这里有蓝天，有白云，微风拂过，你感觉非常舒服，全身非常放松。这时你持续地深呼吸，并且慢慢地吐出气来。想象你要完成的目标，并相信自己一定可以达成。

在冥想的过程当中，调整好你的呼吸，想象积极的画面。经过5分钟的练习，你会发现你的大脑非常放松。你没有任何的压力，你的目标非常明确，你会感觉做起事情来非常有动力。

其次，检查好环境，关闭可能会影响你的电子设备。记忆只需要一支笔和一本笔记本即可，不需要更多会分散你的注意力的有趣文具。假如你的注意力比较差，还可以在平常多练习舒尔特表格。

这是我在教学生的时候经常运用的一种方法，运用这种方法可以有效地提高注意力。

24	15	20	16	8
4	12	23	25	11
7	3	9	1	2
13	5	10	14	17
6	21	19	22	18

使用方法是在这个表格中，快速从1数到25，并且记录下时间。刚开始你会感觉很慢，坚持练习，速度很快就会提上来。

当练习次数多了，你可以将表格里面的数字更换掉。每天练习3次左右，坚持练习半个月以上就会有明显的效果。

第四节
抓住重点，记忆更深刻

要想让记忆更为深刻，需要抓住三个重点：图像、联结和定桩。

一、图像

前文已经提到，相比于文字、符号和数字，大脑更喜欢图像。因此高效的记忆法依托于图像。而在图像的呈现上，有多种方法可以供我们使用。

1. 调动多感官

图像不只与眼睛有关，它还能在我们的大脑中引发多种感觉。以鞭炮为例：

①视觉。鞭炮有多长呢？是1米还是100米？是金色还是红色呢？你可以不断地把它变大、变多。你可以想象鞭炮冒出了滚滚浓烟。

②触觉。你可以想象鞭炮在桌上蹦来跳去。你可以把它拟人化，它可以在桌子上翻跟头，还可以做踢、撞、打、拍、滚各种夸张的动作。甚至它在做这些动作的时候，弹到了你身上，灼烧的感觉痛得你龇牙咧嘴。

③嗅觉。想象用鼻子去闻鞭炮燃烧的气味，烟雾直冲你的鼻孔，你感觉非常恶心。

④听觉。你听到了鞭炮点燃后"噼里啪啦"的声音。

⑤味觉。你是否好奇过鞭炮的味道，或许是苦涩的，又或许带着辛辣。

在呈现图像的时候要充分利用5种感官去想象。在想象图像时，一定要跟自己有关。把自己的情感融入其中，好像身临其境一样。

2. 以熟记新

当我们想象图像的时候，用已知的图像来代替要记忆的内容就能更轻松。不管我们要记的是单词、课文，还是公式或其他任何内容，我们都是用熟悉的来记陌生的。

有些词语超出了我们的认知，不好想象成图像怎么办呢？比如，火星人、妖怪、皮皮鲁人。

我们可以用曾经看过的动画片、电视剧、电影里面的角色来代替这些人或者物品。如果连动画片、电视剧、电影里面也没有这些角色，我们就根据自己的想象来塑造一个图像。

二、联结

当我们把大量的知识点转换成图像之后，很重要的一点就是把它们联结起来。联结得越紧密，记忆效果就越好。

在联结图像的时候要注意：一定要有动作，动作越夸张、越有力度越好；还要有故事情节，这会让记忆更加深刻。

联结的具体方法，我会在接下来的实际案例当中为大家详细讲解。

三、定桩

图像能够清晰地想象出来，图像之间也能够紧密地联结，那还需要定桩。所谓定桩，就是要有一个地方作为图像联结的承载。打个比方，如果抽屉是用来装我们的衣服的，那么这个抽屉就像桩子，衣服就像图像。当我们回忆的时候，就像从抽屉中拿衣服一样，能够很快把记忆的内容从定桩系统里提取出来。

世界记忆大师是最擅长使用定桩系统的。掌握好了定桩系统，你就可以像世界记忆大师一样在一小时内轻松记完几千个数字或者几千张扑克牌，也可以几天内背下一本《道德经》。

所以，抓住图像、联结、定桩这三个关键点，就可以大幅提高我们的记忆效率。

第五节
打掉记忆路上的拦路虎——抽象词

很多人都知道左右脑分工的知识：左脑掌控的是语言、文字、逻辑、推理、分析；而右脑掌控的是图像、音乐、韵律、情感、想象。图像主要是由右脑掌握的，所以，右脑的记忆潜能要比左脑大得多。

很多时候，我们可能已经忘记曾经读过的文字，但是这些文字在大脑中呈现的场景我们还记得。文字分为两种，一种是自带图像的，如苹果、香蕉、雪梨，这些词语一看就能在脑海中呈现出图像，自然容易记住。另一种是抽象的，是在大脑中不好呈现出图像的，如艰难、威武、郁闷。我们要记忆的绝大部分文字是抽象的，这也就是许多同学感觉背书困难的原因。

要解决这些问题非常简单，只需练就一种能力：将我们看到的任何抽象的文字都转换成具体的图像。接下来和大家分享5种将抽象词转换成图像的方法。

一、替代

替代的意思是，当我们看到一个抽象词的时候，在脑海中想出具体的人或物来替代这个词语。

例如，当外国人看到"中国"这两个字的时候，他们的脑海中可能会浮现出"长城"或"龙"的图像。看到"好成绩"这个词语你能想到什么？你可能会想到"一张100分的试卷""一张奖状"或"奖学金"。

看到"婚姻"这个词语你能想到什么呢？我们可以用"戒指""婚纱"或"结婚证"来替代。"高兴"可以用什么来替代？有些同学会说用"兴奋"可以替代，其实这是不对的，因为"兴奋"这个词语也是一个抽象词。我们可以用

"一张笑脸"或者"生日蛋糕"来替代"高兴"。

我们要经常练习，逐渐养成一种习惯，每当我们看到抽象词时，就在脑海里用具体的图像来替代它，这样你记任何东西都会变得非常轻松。

二、谐音

一些抽象词本身缺少图像，但是与其发音很相似的词语具有清晰的图像，那么我们就可以用后者的图像来替换这个抽象词。这种方法就称为谐音法。这种方法用途非常广泛。使用这种方法，不仅记忆起来非常有效，而且特别有趣。

例如，"危机"可以谐音为"喂鸡"，还可以谐音为"味精"；"元旦"可以谐音为"圆蛋"。

三、增减字

增减字，即为词语增加或减少字。通过这种做法，原先的词语就会成为一个新词，并会呈现出不同的图像。

例如，"文学"可以转化成"文学书"；"信用"可以转化成"信用卡"；"人民"可以转化成"人民币"；"传呼"可以转化成"传呼机"；"市场"可以转化成"菜市场"。

四、望文生义

望文生义，即根据字面意思来呈现图像。

例如，"披星戴月"可以想象成"披着星星、戴着月亮"的画面；"对牛弹琴"可以想象成"对着牛弹琴"的画面；"结果"可以想象成"树上结了很多果子"。

五、倒字

有时候，将词语的字序倒过来会令抽象词变成具象词，或可以谐音为具象词，从而转化为具体的图像。这种方法就称为倒学法。

例如，"朱砂"倒过来可以想成"杀猪"；"雪白"倒过来可以想成"白雪"；"复习"倒过来可以想成"媳妇"。这是不是很有意思？

好了，我们现在来实战练习一下。请你试着补充更多下列词语转化出的图像。

一个人身上着火了，非常生气

替代
倒字　谐音
愤怒
望文生义　增减字

愤怒的小鸟

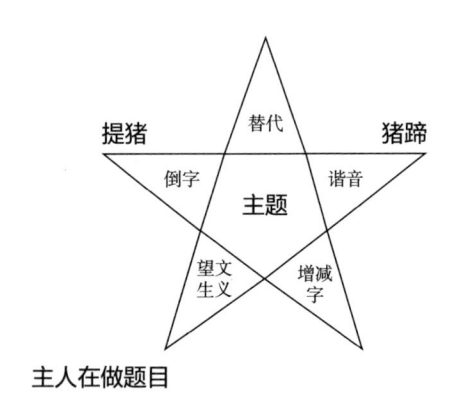

```
        替代
提猪          猪蹄
    倒字  谐音
        主题
    望文  增减
    生义  字
```

主人在做题目

```
        替代
鸡精          金鸡
    倒字  谐音
        经济
    望文  增减
    生义  字
```

经验的济公

还有更多的抽象词语可以用来练习，请把你的想法写出来。

词语	转化图像	词语	转化图像
聪明		无须	
理性		局限	
积累		蹊跷	
法规		自由	

续表

词语	转化图像	词语	转化图像
义务		逻辑	
历史		复杂	
发扬		漂亮	
趋势		交代	
消费		压力	
研究		代表	

第六节 联想配对训练

在整个记忆法的体系当中,图像和联结是非常关键的。当我们把要记忆的信息转换成了图像,接下来就要联结了。图像之间联结得越紧密,我们记忆得越牢固。

联结的基础是图像两两相联。一开始,我们要练习的是将看似毫无联系的两个词语紧密联系起来。如果我们能够做好随机的两个词语的联结,就可以快速地将更多零散的知识串联起来,达到完整记忆的效果。

接下来,我们就来练习两个词语之间的联结。

1. 狮子—树

狮子和树怎样联系在一起呢?我们在联结的时候可以

利用动作，并且是夸张的动作。联想的时候还要把自己的感觉融入其中，要身临其境，把自己的喜怒哀乐、爱恨情仇融进去。

你可以想象自己是一头狮子，体验一下用牙齿咬树的感觉。有没有感觉嘴巴里面全是木屑？你可以想象，狮子用头去撞树，头发昏的感觉；可以想象狮子去爬树，锋利的爪子嵌进树皮，在树上留下了深深的痕迹；还可以想象狮子拼命地推这棵树，把这棵树推倒了；或者想象狮子要跳得跟这棵树一样高。只要你充分调动想象力，就可以想出很多这样的故事。在联想的时候一定要把自己带入，一定要用夸张的动作。

2. 大象—石头

这个时候你可以把自己想成一头大象。你可以想象，大象用鼻子卷起石头甩到一千米开外；可以想象，大象用鼻子把石头给吸进去了；可以想象，大象用鼻子拼命地把石头给砸碎了；还可以想象大象站在石头上疯狂地跳舞；或者想象大象在大口大口地吃石头，嘴巴里发出"嘎吱嘎吱"的声音。

3. 灯塔—羽毛

你可以想象从灯塔里面飞出了成千上万根羽毛；灯塔着火了，把羽毛给点着了，发出耀眼的光芒，但发出刺鼻的气味；可以想象灯塔就是羽毛的形状；也可以想象你将羽毛插在了灯塔的上面；还可以想象羽毛很重，一下子就砸倒了灯塔。

4. 青蛙—大海

你可以想象青蛙跳进了大海，那一瞬间非常凉爽的感觉；可以想象青蛙把大海的水全喝进了肚子里面，肚子瞬间胀成一个大气球；也可以想象这只青蛙巨大，有一万米高，一掌打向大海，顿时击起千层巨浪；还可以想象从青蛙嘴巴里吐出了大海一样多的水，把整个城市都淹没了；或者想象一只青蛙在大海里面游泳。

5. 绿巨人—蝙蝠侠

想象绿巨人一脚踢飞了蝙蝠侠；或者可以想象绿巨人和蝙蝠侠在摔跤；也可以想象绿巨人一拳打飞了蝙蝠侠；还可以想象绿巨人和蝙蝠侠在掰手腕；或者想象绿巨人用头撞向了蝙蝠侠。想象你自己是绿巨人，这个时候你会有什么样的感觉？是不是感觉自己的头很晕、很痛？

联结两个词语的速度越快，在记更多词语的时候就越轻松。大家一定要在平时多加练习。

接下来，大家可以来练习一下。请将下面的词语两两联结起来。

词语1	词语2	联结
足球	大厦	
牙刷	菜刀	

续表

词语1	词语2	联结
碗	猴子	
床	热水器	
馒头	汽车	
猫	计算机	
书本	冰箱	
电脑	拐杖	
水杯	香烟	
森林	手机	

其实具象的词语之间的联结是比较容易的，因为词语本来就可以产生图像，难的是抽象的词语之间的联结。但是在现实中，我们需要记忆的词汇大部分是抽象词。因此，我们要结合上一节讲述的5种方法，将抽象词转化成图像后再进行联结。

下面我们用这种方法来练习记忆中国古代"十圣"。

1. 文圣—孔子

"文圣"可以通过谐音想成"文身"，"孔子"可以通过谐音想成"空子"。你可以想象，一个浑身都是文身的混混经常钻法律的空子。

2. 武圣—关羽

"武"可以想成"武汉"，"关"可以想成"关起门来"，"羽"可以想成"羽绒服"。你可以想象武汉的冬天非常冷，所以要关起门来穿羽绒服。

3. 史圣—司马迁

"史圣"可以通过谐音想成"师生"，"司马"可以想成"狮子和马"，"迁"可以谐音为牵手的"牵"。你可以想象师生去动物园玩，把狮子和马牵来牵去。

4. 诗圣—杜甫

"诗圣"可以想成"吃剩"，"杜甫"可以想成"豆腐"。你可以想象餐桌上有很多吃剩的豆腐。

5. 书圣—王羲之

"书圣"可以想成"书生"，"王"可以想成"网"，"羲之"可以想成"席子"。你可以想象一个书生坐在用渔网做成的席子上面看书。

6. 画圣—吴道子

"画圣"可以想成"花生"，"吴"可以想成"我"，"道子"可以想成"刀子"。你可以想象，我拿着刀子去切花生，就可以想到"画圣"对应的是"吴道子"。

7. 医圣—张仲景

"医圣"可以通过谐音想成"医生"，"张仲景"可以取关键词"仲景"，把这两个字倒过来，就可以谐音为"金钟"，即金色的大钟。你可以想象，医生背着一口金色的大钟。

8. 草圣—张旭

"草圣"可以想成"超神"，即超级的神仙，"张旭"

可以通过谐音联想成"章鱼的须"。你可以想象超级的神仙非常喜欢吃章鱼的须。

9. 酒圣—杜康

"酒圣"可以取关键字"酒","杜康"可以想成"肚子康复了"。你可以想象这种酒非常神奇,只要你喝一口,原本很痛的肚子很快就康复了。

10. 茶圣—陆羽

"茶圣"可以通过谐音想成"差生","陆羽"可以通过谐音想成"鲈鱼"。你可以想象,差生要经常吃鲈鱼,因为鱼可以补脑,让大脑变得更聪明。

抽象词语之间的联结越熟练,就意味着我们以后背书的速度越快。所以,一定要勤加练习。在学习中,这样知识点两两配对的情况是十分常见的。例如,我国历史悠久,许多城市都经历过时代变迁,更换过许多名字。其中,有一些城市的曾用名非常动听,值得我们了解和记忆。

1. 奉天—沈阳

"奉天"可以望文生义为"奉天的旨意","沈阳"通过谐音可以想成"神羊"。你可以想象奉天的旨意,一只神羊来到了人间。

2. 琅琊—临沂

"琅琊"可以想成"狼牙","临沂"可以颠倒过来想成"一林",即一个树林。你可以想象在一个树林里面看到了狼牙。

3. 兰陵—枣庄

"兰陵"可以想成"蓝领","枣庄"可以想成"有枣的村庄"。你可以想象一群蓝领走进了一个有枣的村庄。

4. 庐州—合肥

"庐州"可以想成"庐粥","合肥"可以想成"喝肥"。你可以想象在庐山上喝粥,把自己喝成了一个肥仔。

5. 徽州—黄山

"徽州"可以想成"灰粥","黄山"可以想到"黄色的山"。你可以想象在黄色的山上喝着灰粥。

6. 金陵—南京

"金陵"可以想成"金领",即"金色的领带"。想象自己戴着金色的领带游玩南京。

7. 会稽—绍兴

"会稽"的读音是kuài jī,可以通过谐音想成"会计","绍兴"可以想到"扫兴"。你可以想象会计非常抠门,经常让人扫兴。

8. 渝州—重庆

"渝州"可以想成"宇宙","重庆"可以颠倒过来想成"青虫"。你可以想象一条青虫对于宇宙来说是十分渺小的。

9. 武陵—常德

"武陵"可以想成"武林","常德"可以想成"常得"。你可以想象一个武林盟主经常会得到各种各样的奖项。

10. 浔阳——九江

"浔阳"这个地方是不是很眼熟？它出现在白居易的《琵琶行》的第一句，"浔阳江头夜送客，枫叶荻花秋瑟瑟"。"浔阳"可以想成"寻阳"，"九江"可以想成"九条江"。你可以想象自己在九条江里寻找太阳。

在记忆方法的练习过程中，不是所有的词语配对都有意义。事实上，我们大多数时候需要练习将没有明显关联的词联结在一块儿。下面给出了一些例子，请你尝试着写出记忆方法。

词语1	词语2	联结
印象	意识	
性质	概念	
物质	主义	
制度	矛盾	
事实	原因	
释义	假设	
贸易	时期	
时间	精神	
事件	品质	
精力	抑郁	

第七节
故事法和字头歌诀法

我们在平时的学习、考试中会面临无数的知识，如文学常识、历史知识和百科知识。这些知识琐碎而繁多，不仅难以记忆，还容易遗漏。

我接下来分享的两种方法，就像一根线，可以把所有的要背的知识都串起来。

一、故事法

故事法，顾名思义，就是把知识点编成一个故事，通过想象一个场景来实现完整记忆。无论是文学常识、历史知识，还是地理知识、百科知识，用这种方法都可以轻松记忆。

我们用这种方法来记忆一下老舍的作品。首先，我们一起来读一下，《济南的冬天》《断魂枪》《骆驼祥子》《四世同堂》《猫城记》《茶馆》《龙须沟》《月牙儿》。

我们根据这些作品名来编一个故事。想象老舍在"济南的冬天"冻得瑟瑟发抖，于是他提着"断魂枪"，骑着"骆驼（祥子）"，带着"四世（同堂）"，向着温暖的"猫城（记）"进发。在猫城（记）开了一家"茶馆"，茶馆后面有一条长长的"龙须沟"，在"龙须沟"里可以看到"月牙儿"。

你只需要在脑海里回想一遍这个故事就可以轻松记下所有作品并做到倒背如流。下面请你把刚刚记的老舍的作品写出来。

_____

_____

二、字头歌诀法

字头歌诀法，顾名思义，就是把要记的每个词语的第一个字或其中一个字提取出来，编成一句（或几句）歌诀来记忆。

来看一下明清的四大古典小说：《红楼梦》《三国演义》《西游记》《水浒传》。

我们分别把这四部著作的第一个字提取出来：红、三、西、水，通过谐音就变成了"红山溪水"。我们可以想象，红色的山上流下了溪水，溪水里泡的全是四大名著。

请你写出四大名著。

_____

再来挑战一下记忆唐宋八大家。这八个人物单独拿出来想必大家都不会感到陌生，但若要一个不落地默写出来，对于很多同学来说是很难的，因为这些人物的名字很零散。

我们一起来读一下这八个人物的名字：苏洵、苏辙、苏轼、韩愈、柳宗元、曾巩、王安石、欧阳修。

我们把这八个人的名字的第一个字提取出来，再组合并谐音一下，就变成了"三叔汗流争玩偶"。唐宋八大家可以浓缩成关键词"唐宋"，再谐音成"汤送"。你可以想到一个画面：把汤送给三个叔叔的时候，发现三个叔叔正在汗流浃背地争一个玩偶。

好了，复习一下，然后把唐宋八大家的名字写出来。

本节我们一起学习了两种方法，一是故事法，二是字头歌诀法。

故事法就是把要记的内容编一个故事，在脑海中呈现图像。这种方法运用得非常广泛。在编故事的时候有几点要注意：

第一，故事要简洁，不要啰唆，不然会增加你的记忆量。

第二，在编故事的时候要有夸张的动作。这些夸张的动作可以是跑、跳、踢、推、打，也可以是把事物变多、变大。动作越夸张，记忆效果越好。

第三，在编故事的时候一定要呈现画面，千万不要死记硬背文字。

字头歌诀法是把记忆的每个词语的第一个字或其中的一个字提取出来，编成一句歌诀，然后运用抽象词转图像的五种方法对歌诀进行转换。

  我们用这两种方法记住了老舍的作品、明清四大古典小说和唐宋八大家这些我们平时认为很零散、很难记的内容。熟练掌握这两种方法之后,你将会在未来的学习中获得极大的助益,在学习中感受到乐趣和效率。

第三章
记忆宫殿之定桩法
CHAPTER 3

第三章 记忆宫殿之定桩法

第一节
身体定桩法

在上一章，我们已经解决了图像和联结这两个记忆中的重点，而这一章，我们将着重讲述定桩。所谓定桩，就像为图书馆中的每一本书编号，根据其内容将其设置在固定的书架上。书本是知识，而桩子不一定是书架。根据桩子的类型，定桩法可以分为标题定桩法，地点定桩法、人物定桩法等。让我们来具体看一看，如何定桩。

身体定桩法是一种非常简单又实用的方法，因为每个人对自己的身体最为了解，这非常符合"以熟记新"中的"熟"的标准。我们可以在自己身上找到一些部位，将要记忆的内容与这些部位相联结，从而轻松、快速地记忆。此种方法适合记忆数量较少的内容，如演讲稿、简答题、零散考点等。

接下来，请你伸出自己的右手，在自己身体的这12个部位上触摸一下，熟悉一下。

打造你的记忆脑

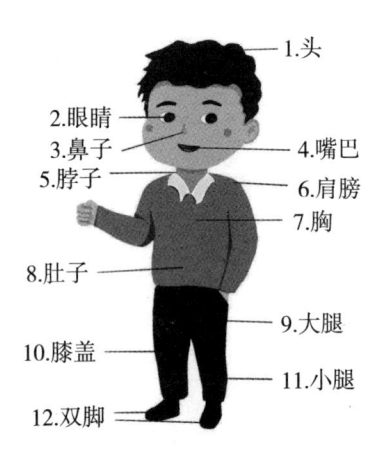

1. 头
2. 眼睛
3. 鼻子
4. 嘴巴
5. 脖子
6. 肩膀
7. 胸
8. 肚子
9. 大腿
10. 膝盖
11. 小腿
12. 双脚

我们可以把眼睛闭上，在脑海中从上到下或从下到上地回想每一个身体部位。记下来了吧，是不是很简单？那接下来，我就教大家如何运用这12个身体部位来记住我国的社会主义核心价值观。

富强、民主、文明、和谐、自由、平等
公正、法治、爱国、敬业、诚信、友善

每一个身体部位对应一个词语。在与身体部位相联结的时候，我们可以充分利用抽象词转图像的5种方法。

1. 头—富强

想象自己头上的头发非常多，或者富得流油。所以，通过头可以想到"富强"。

2. 眼睛—民主

"民主"简化成关键字"民"，再谐音成明亮的"明"，想象自己的眼睛很"明亮"。"民主"也可以谐音成"明珠",想象自己的眼睛像夜明珠一样明亮。所以,通过眼睛可以想到"民主"。

3. 鼻子——文明

"文明"中可以找到关键字"文",再谐音成"闻"。我们可以用鼻子去"闻"花香,或者可以想象自己有一个"闻名"全世界的鼻子。所以,通过鼻子可以想到"文明"。

4. 嘴巴——和谐

嘴巴是用来说好话的,不是用来骂人的,所以要"和谐"。还可以运用倒字法,把"和谐"想成"协和",想象自己嘴巴不舒服,到协和医院去看医生。所以,通过嘴巴就可以想到"和谐"。

5. 脖子——自由

脖子可以"自由"地转来转去,一点都不受约束。所以,通过脖子可以想到"自由"。

6. 肩膀——平等

肩膀左右两边是一样平的,绝对不会出现一边高一边低的情况。所以,通过肩膀可以想到"平等"。

7. 胸——公正

想象你在做事的时候,拍着胸说自己很"公正"。所以,通过胸可以想到"公正"。

8. 肚子——法治

你可以想象自己的肚子突然很痛,苦恼:有没有什么"法子"能治好呢?所以,通过肚子可以想到"法治"。

9. 大腿——爱国

我大腿上穿的裤子是国产货,这是我表达"爱国"的方式。所以,通过大腿就可以想到"爱国"。

10. 膝盖——敬业

"敬业"可以用谐音想到"金色的叶子",进而联想到膝盖上盖着金色的叶子。所以,通过膝盖可以想到"敬业"。

11. 小腿——诚信

你可以想象饭店卖鸡小腿一定要讲"诚信",一定要把质量好的东西卖给顾客。或者你可以想象有一个人不讲"诚信",于是被人打伤了小腿。所以,通过小腿就可以想到"诚信"。

12. 双脚——友善

双脚是用来走路的,不是用来踢人的,所以待人要"友善"。"友善"通过谐音可以想成"有扇"。你可以想象自己的双脚上有一把扇子在给你扇风。所以,通过双脚就可以想到"友善"。

我们运用自己身体的12个部位,就轻松记完了社会主义核心价值观的12个词语。来,现在给自己两分钟的时间快速复习一下。

好了，测试一下自己能不能快速回忆身体12个部位对应的词语。

身体部位	词语	身体部位	词语
头		胸	
眼睛		肚子	
鼻子		大腿	
嘴巴		膝盖	
脖子		小腿	
肩膀		双脚	

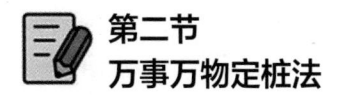

第二节 万事万物定桩法

将从身体上找桩子的方法推广到其他物品，我们就得到了万事万物定桩法。这是指我们可以利用身边的一切物品来打造定桩系统，从而能记住我们想记住的一切。

我们在打造桩子的时候，要注意以下几点：

第一，我们身边的很多物品都可以用来打造桩子，如汽车、自行车、窗户、办公桌、一棵树等。打造桩子的资源是取之不尽、用之不竭的。

第二，尽量选择能多打造桩子的物品，大的物品比小的物品要好。比如，汽车肯定比钢笔要好打造桩子。

第三，要按照顺序来打造桩子，并且记熟这些桩子的顺序。

拿一辆汽车来举例，我们可以在这辆汽车上打造桩子。

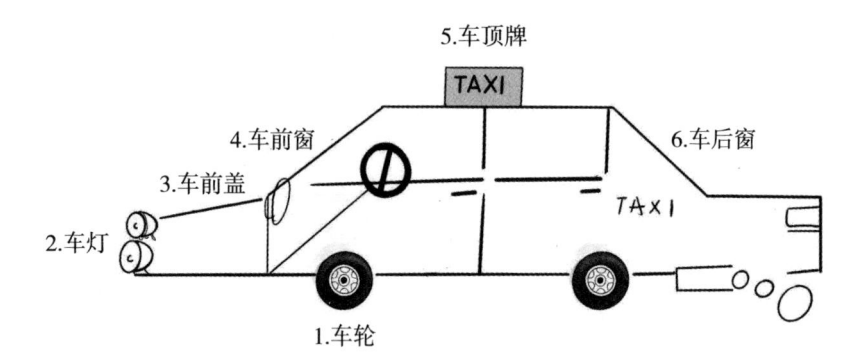

```
5.车顶牌
4.车前窗
3.车前盖
2.车灯
1.车轮
6.车后窗
```

打造好这些桩子之后，我们在心中从头到尾把这些桩子的顺序记下来。然后我们只需要把这些桩子和要记的内容联结起来就可以了。

我们来看生物中的一个知识点。

生物的特征

生活需要营养；能进行呼吸；能排出身体内产生的废物；能对外界刺激作出反应；能生长和繁殖；都有遗传和变异的特性。

这个知识点有6小句，我们每一句话对应一个桩子就可以了。

1. 车轮—生活需要营养

我们可以找关键词"营养",从"营养"可以想到"营养品",如维生素片、钙片等。你可以想象车轮轧到了营养品(维生素片、钙片),把这些营养品全给轧坏了。

2. 车灯—能进行呼吸

可以找关键词"呼吸"。你可以想象车灯就像鼻子,正在呼吸新鲜空气呢!

3. 车前盖—能排出身体内产生的废物

可以找关键词"废物"。你可以想象汽车出了严重的故障,打开车前盖就冒出了一股废气,太难闻了,熏得你晕头转向。

4. 车前窗—能对外界刺激作出反应

可以找关键词"刺激"。"刺激"通过谐音可以想成"刺鸡",即带刺的鸡。你可以想象一只带着刺的鸡撞到了汽车的前窗上,把玻璃撞得粉碎,玻璃碴散了一地。

5. 车顶牌—能生长和繁殖

可以找关键词"生长和繁殖"。你可以想象车顶牌上面生长了很多蟑螂,蟑螂进行了大量的繁殖,看起来就让人恶心。

6. 车后窗—都有遗传和变异的特性

可以找关键词"遗传和变异"。"遗传"可以通过谐音想成"一只船","变异"可以通过谐音想成"便衣"。你可以想象汽车后窗上挂着一只船,船上站着一个便衣警察。

这样，我们就用一辆汽车就记住了"生物的特性"。

我们把桩子运用熟练之后，还可以记忆其他的知识。好了，关于万事万物定桩法，我们就先讲到这里。

第三节
地点定桩法

不仅物体本身可以用来定桩，物体所在的空间也可以用来定桩。大家在《最强大脑》上看到那些非常厉害的选手，他们能够在一小时内记住几千个数字或者几千张扑克牌，几天内背下《道德经》，展示出来的记忆能力让人瞠目结舌。他们是天才吗？其实不是，他们运用的也是定桩法，而且是定桩中特定的地点定桩法。这一节我就教大家运用地点定桩法来记忆我们学习、生活、工作方面的内容。

我们在打造地点定桩这个工具的时候要注意以下方面：

（1）在熟悉的地方寻找地点，如自己的家里、爷爷奶奶的家里、亲戚朋友的家里，或者自己经常待的地方，如学校、活动中心等。用这些自己非常熟悉的地方来打造地点桩，记忆效果特别好。

（2）最好是在室内找地点，因为室外找地点跳跃性太强，地点和地点之间的距离和高度相差太大。而室内的环境相对封闭，地点和地点之间的距离和高度相差也不会太夸张，按照一定的顺序找就可以了。

（3）要按照一定的顺序打造地点，如顺时针、逆时针，或者上下、左右，总之一定要按照顺序去打造地点。

（4）找地点的时候一定要注意地点的特征。比如，第1个地点是门，那我们可以把特征放在门锁上，要搞清楚这个门锁是圆的还是带有把手的。又如，第2个地点是桌子，那么特征是找桌面还是桌角呢？越有特征的东西越能令人印象深刻。

（5）地点之间的距离适中，不要离得太远，也不要靠得太近。离得太远浪费空间，离得太近则会造成图像的混淆。

（6）地点之间的大小不要差距太大。比如，上一个地点是一个沙发，下一个地点却是一瓶化妆品，在同样的视角看化妆品太不显眼。可以把化妆品换成承载它的桌子。

（7）寻找的地点一般要固定，尽量不要找可以随意移动的物品。

（8）找地点的数量以5或者5的倍数为最佳，如5个、10个、15个、20个等。这样计算起来会比较容易。

（9）如果在回想的时候发现有一个地点不是很清晰，具体是什么物品想不太清楚了，怎么办呢？我们可以在那一个地点上虚拟一个物品，如一张桌子或一台冰箱，这样的地点熟悉之后也是可以使用的。

（10）如果不同房间的某些地点很相似或者物品摆放的

位置是一样的，就有可能造成记忆的图像在空间上的混淆。解决的方式非常简单。比如，第1个房间的第3个地点是桌子，我们可以把特征选在桌面上。第2个房间的第3个地点同样是桌子，这次我们把特征选在桌腿或桌角上。选特征的角度不一样，记忆起来就不会出现混淆了。

（11）当我们找到地点之后，要用本子按顺序把它们写下来，或者制作成电子文档，以便日后复习。当把这些地点记录下来之后，从第1个回想到最后1个，再从最后1个回想到第1个。回想地点的标准是1秒钟1个为及格，1秒钟2个为优秀。

记录地点的方式可参考下表：

客厅	卧室1	卧室2	书房	厨房	卫生间
1.	1.	1.	1.	1.	1.
2.	2.	2.	2.	2.	2.
3.	3.	3.	3.	3.	3.
4.	4.	4.	4.	4.	4.
5.	5.	5.	5.	5.	5.
6.	6.	6.	6.	6.	6.
7.	7.	7.	7.	7.	7.
8.	8.	8.	8.	8.	8.
9.	9.	9.	9.	9.	9.
10.	10.	10.	10.	10.	10.

接下来，我们用一个实际的房间来记住我国首位诺贝尔文学奖获得者莫言的作品：《爆炸》《生死疲劳》《酒国》

《透明的红萝卜》《蛙》《四十一炮》《食草家族》《红高粱家族》《司令的女人》《欢乐》。

我们在下图所示的房间中按顺时针顺序找到10个地点。

① 柜子　② 电视机　③ 盆栽　④ 窗帘　⑤ 白色纱窗
⑥ 台灯　⑦ 空调　⑧ 沙发　⑨ 茶几　⑩ 地毯

地点打造好了，我们先闭上眼睛回忆一下。在记忆的时候，每一个作品都要与地点紧密相联，可以用夸张的动作，把物品变多、变大来加深印象。

1. 柜子——《爆炸》

爆炸和柜子怎样联系呢？你可以想象这个柜子里面塞满了定时炸药，到了时间突然就"砰"地爆炸了，把这个柜子给炸飞了，然后浓烟四起，弥漫了整个房间。所以，通过柜子就可以想到《爆炸》。

2. 电视机—《生死疲劳》

你可以想象有一个人,一天到晚看电视,一刻也不休息,眼睛非常疲劳,严重到了生死的地步。所以,通过电视机就可以想到《生死疲劳》。

3. 盆栽—《酒国》

我们都知道,盆栽要长得好,平时要多浇水,但这个盆栽非常奇怪,浇下去的必须是酒。为了养好它,一个国家的酒都浇完了。所以,通过盆栽就可以想到《酒国》。

4. 窗帘—《透明的红萝卜》

想象这个窗帘被风吹得飘来飘去,窗外的景物若隐若现,有一个很漂亮的东西。你非常好奇,跑过去把这个窗帘掀开,原来是一根透明的红萝卜。是不是感到很惊喜?所以,通过窗帘就可以想到《透明的红萝卜》。

5. 白色纱窗—《蛙》

你可以想象有一只和人一样高的青蛙,穿过白色的纱窗跳了进来,吓了你一大跳。所以,通过白色的纱窗就可以想到《蛙》。

6. 台灯—《四十一炮》

你可以想象朝着这盏台灯打了四十一炮,炮声震耳欲聋,把这盏灯炸得粉碎。所以,通过台灯就可以想到《四十一炮》。

7. 空调—《食草家族》

通过食草家族可以想到什么?可以想到成群的牛、羊、马,进而想象成群的牛、羊、马边吹着空调边大口地吃着草。所以,通过空调就可以想到《食草家族》。

8. 沙发—《红高粱家族》

你可以想象这个沙发非常奇怪,它是用红高粱做的,因此它既可以坐又可以拿来吃。所以,通过沙发就可以想到《红高粱家族》。

9. 茶几—《司令的女人》

你可以想象司令的女人非常漂亮,站在这个茶几上疯狂地跳着舞。所以,通过茶几就可以想到《司令的女人》。

10. 地毯—《欢乐》

这块地毯非常漂亮,颜色非常鲜艳。你可以想象有一个小男孩欢乐地在地毯上打着滚儿。所以,通过地毯就可以想到《欢乐》。

好了,我们来回忆一下:柜子对应的是《爆炸》,电视机对应的是《生死疲劳》,盆栽对应的是《酒国》,窗帘对应的是《透明的红萝卜》,白色纱窗对应的是《蛙》,台灯对应的是《四十一炮》,空调对应的是《食草家族》,沙发对应的是《红高粱家族》,茶几对应的是《司令的女人》,地毯对应的是《欢乐》。

用同一套地点,我们还可以记忆不同的内容。接下来,我们再用这个房间中的10个地点来记忆一下10种健脑食品吧!

打造你的记忆脑

> 鱼、玉米、牛奶、菠菜、黑木耳
> 海带、大蒜、核桃、鸡蛋、香蕉

1. 柜子—鱼

你可以想象，打开这个柜子，突然跳出了一条大鱼，它张开嘴巴咬住了你的手指，痛得你哇哇大哭。所以，通过柜子就可以想到鱼。

2. 电视机—玉米

你可以想象，在电视机这里下了整整一夜的玉米雨，把电视机的屏幕都给砸坏了。所以，通过电视机就可以想到玉米。

3. 盆栽—牛奶

你可以想象，用一大桶牛奶来浇灌这个盆栽，这个盆栽长得又高又密。所以，通过盆栽就可以想到牛奶。

4. 窗帘—菠菜

你可以想象，拿着大块的菠菜来做窗帘。是不是感觉很奇特？所以，通过窗帘就可以想到菠菜。

5. 白色纱窗—黑木耳

你可以想象，把这个白色的纱窗染成了黑色就变成了黑木耳，然后你咬了一口，嘎嘣脆。所以，通过白色纱窗就可以想到黑木耳。

6. 台灯—海带

你可以想象，海带把这个台灯给团团缠住了，一点儿光都透不出来。所以,通过台灯就可以想到海带。

7. 空调—大蒜

想象这台空调吃了一大把大蒜,然后吹出来的风里面带有很难闻的气味。所以,通过空调就可以想到大蒜。

8. 沙发—核桃

你可以想象,有一个人很懒,整天睡在沙发上,只吃核桃。所以,通过沙发就可以想到核桃。

9. 茶几—鸡蛋

你可以想象,有个很调皮的孩子,拿着鸡蛋砸向了茶几,茶几上面全是破碎的鸡蛋,非常恶心。所以,通过茶几就可以想到"鸡蛋"。

10. 地毯—香蕉

你可以想象,这个地毯非常神奇,上面长出了香蕉。如果你饿了,你就到这个地毯上去摘香蕉吃。所以,通过地毯就可以想到香蕉。

好了,我们来回忆一下:柜子对应的是鱼,电视机对应的是玉米,盆栽对应的是牛奶,窗帘对应的是菠菜,白色纱窗对应的是黑木耳,台灯对应的是海带,空调对应的是大蒜,沙发对应的是核桃,茶几对应的是鸡蛋,地毯对应的是香蕉。

好了,我们用地点定桩法轻松地记下了莫言的作品和10种对大脑有益的食物。

有同学可能会担心,"老师,用一套地点桩记两套内容不会混吗?"其实不用担心,我们用一套地点把要记的内容记熟之后,再用它去记其他陌生的东西就不会出现混淆的问题。

我们打造的这套地点桩就好像一个鱼钩,我们可以用这个鱼钩去钓很多的鱼,每钓上一条,把鱼放下来,再去钓另一条,而不是用一个鱼钩把所有的鱼同时都钓上来。

懂了这个道理,我们就可以用这套地点桩重复去记忆其他的内容,而且越用越灵活。

好了,关于地点定桩法的讲解就先到这里。大家可以按照我所讲的方法去实践。世界记忆锦标赛的选手都有成千上万的地点桩。所以,他们能在短时间内记下海量的信息就不足为奇了。

第四节 数字定桩法

无论是身体定桩法、万事万物定桩法还是地点定桩法,找桩子都是需要时间的。如果记忆的信息的数量与桩子的数量不匹配,我们就需要补充桩子或浪费一些桩子。那么有没有一种方法可以减少重复找桩子的功夫,又能用多少就有多少桩子呢?

现在是一个数字化社会,我们每天都要和数字打交道,但并非所有人都充分"了解"数字。在十进制中,数字只由

0~9组成，但打乱顺序随意组合，就能创造出无限的可能。数字定桩法也继承了这一优点。接下来给你一套数字编码，只要你掌握了这套数字编码，以后记数字将会变得轻而易举，而且将拥有一套具有100个桩子的记忆宫殿。

数字编码说白了就是把数字转换成图像。编码的方式有以下三种：

（1）形状：比如，1的形状像蜡烛；2的形状像鹅；10的形状像棒球。

（2）发音：比如，25的发音很像二胡；34的发音很像三丝（三条丝巾）；50的发音很像武林。

（3）逻辑：比如，20的编码是香烟，因为一包香烟有20根；24的编码是闹钟，因为一天有24小时；54的编码是青年，因为五四青年节。

在附录中，我将00~99的数字编码分享给你们。

使用数字编码可以记住非常零散、琐碎而庞杂的信息。比如，《水浒传》中的108位好汉，能列出其中数人的读者想必不少，但能够按顺序从头到尾一个不落地背出来的恐怕寥寥。下面我列出了好汉和他们的排名，我们一起来试试用数字定桩法记忆。❶

---

❶ 篇幅所限，本节仅列出前10名好汉的记忆方法，感兴趣的读者可通过邮箱1014601749@qq.com联系我，获得完整版的记忆指导。

排名	好汉	排名	好汉	排名	好汉	排名	好汉
1	宋江	28	张横	55	郭盛	82	宋万
2	卢俊义	29	阮小五	56	安道全	83	杜迁
3	吴用	30	张顺	57	皇甫端	84	薛永
4	公孙胜	31	阮小七	58	王英	85	施恩
5	关胜	32	杨雄	59	扈三娘	86	李忠
6	林冲	33	石秀	60	鲍旭	87	周通
7	秦明	34	解珍	61	樊瑞	88	汤隆
8	呼延灼	35	解宝	62	孔明	89	杜兴
9	花荣	36	燕青	63	孔亮	90	邹渊
10	柴进	37	朱武	64	项充	91	邹润
11	李应	38	黄信	65	李衮	92	朱贵
12	朱仝	39	孙立	66	金大坚	93	朱富
13	鲁智深	40	宣赞	67	马麟	94	蔡福
14	武松	41	郝思文	68	童威	95	蔡庆
15	董平	42	韩滔	69	童猛	96	李立
16	张清	43	彭玘	70	孟康	97	李云
17	杨志	44	单廷珪	71	侯健	98	焦挺
18	徐宁	45	魏定国	72	陈达	99	石勇
19	索超	46	萧让	73	杨春	100	孙新
20	戴宗	47	裴宣	74	郑天寿	101	顾大嫂
21	刘唐	48	欧鹏	75	陶宗旺	102	张青
22	李逵	49	邓飞	76	宋清	103	孙二娘
23	史进	50	燕顺	77	乐和	104	王定六
24	穆弘	51	杨林	78	龚旺	105	郁保四
25	雷横	52	凌振	79	丁得孙	106	白胜
26	李俊	53	蒋敬	80	穆春	107	时迁
27	阮小二	54	吕方	81	曹正	108	段景住

1. 蜡烛—宋江

宋江用谐音可以想成"送江"。可以想象你的朋友拿着蜡烛送你过江。

2. 鹅—卢俊义

卢俊义颠倒过来可以谐音成"一斤鲈"。可以想象一只鹅吃了一斤鲈鱼。

3. 耳朵—吴用

吴用可以想成"无用"。可以想象妈妈很生气地对孩子说:"你的耳朵是无用的,根本就不听话。"

4. 帆船—公孙胜

你可以想象在一艘帆船上,一个公公和他的孙子比赛胜出了。

5. 秤钩—关胜

关胜可以用谐音想成"冠胜"。想象拿着秤钩去比赛,得到了冠军,胜利了。

6. 勺子—林冲

你可以想象拿着勺子向树林冲击。

7. 镰刀—秦明

秦明可以用谐音想成"亲民"。你可以想象有一个领导人很亲民,拿着镰刀去割草。

8. 眼镜—呼延灼

呼延灼可以找关键词"呼延",用谐音可以想成"护眼"。想象在大太阳底下，戴上眼镜能更好地护眼。

9.口哨—花荣

你可以想象有一个口哨吹出来的声音十分令人恐惧，女孩子一听就会花容失色。

10.棒球—柴进

柴进用谐音可以想成"差劲"。你可以想象有一个人打棒球很差劲。

大家可以按照我讲的方法把剩余的好汉全部记下来，以后也可以用这些方法去背其他的内容。

第五节 标题定桩法

所谓标题定桩法，就是用一道题的问题记住答案，答案有几项内容，我们就在问题里找到几个关键字进行对应联结。

这一方法适用于解决同一科目内有大量相似度高的历史意义、价值、贡献等知识点时，直接记忆容易记串、记漏的问题。

接下来，我们来记一下土地革命的历史意义：

（1）土地革命的完成，彻底摧毁了我国存在两千多年的封建土地制度，消灭了地主阶级；农民翻了身，得到了土地，成为土地的主人。

（2）使人民政权更加巩固，也大大解放了农村生产力。

（3）农业生产获得迅速恢复和发展，为国家的工业化建设准备了条件。

这道题有三句话，我们可以找题目中的三个关键字"土革命"来记忆。

从第1句话中可以找关键词"土地，农民"，对应的第1个字是"土"，所以可以想象有了土地，农民才能更好地生存。

从第2句话中可以找关键词"人民，农村"，对应的第2个字是"革"，可以通过谐音想成"割"。可以想象人民在农村要做繁重的体力劳动，每年都要收割稻谷。

从第3句话中可以找关键词"农业，工业化"，对应的第3个字是"命"。可以想象发展好我国的农业和工业化，就能改变我们国家人民的命运。

关于标题定桩法的内容我们就先讲到这里。

第六节 人物定桩法

本节跟大家分享人物定桩法。我们可以找一些我们很熟悉的人物来记忆想记的内容。

在打造人物定桩法这个工具的时候，首先要找自己熟悉的人物；其次要按顺序安排人物，以便于回忆；最后要把打造好的人物和要记的知识点联结起来。

我们熟悉的人物有哪些呢？他们可以是真实存在的人物，如自己的家人、朋友、同学，也可以是书籍或影视作品中的虚构人物，如《西游记》中的唐僧、猪八戒、孙悟空、沙僧等。

下面以"社会主义荣辱观"这一政治知识点为例，来看一看怎么用人物定桩法来记忆。

社会主义荣辱观

以热爱祖国为荣，以危害祖国为耻
以服务人民为荣，以背离人民为耻
以崇尚科学为荣，以愚昧无知为耻
以辛勤劳动为荣，以好逸恶劳为耻
以团结互助为荣，以损人利己为耻
以诚实守信为荣，以见利忘义为耻
以遵纪守法为荣，以违法乱纪为耻
以艰苦奋斗为荣，以骄奢淫逸为耻

先熟读两遍，理解材料的意思。我们可以很清楚地看出，"八荣"与"八耻"是一一对应的，彼此互为反面。所以我们先来记住"八荣"的部分。由于有八条，很自然地需要八个人物。

我从家中找了八个人物，按顺序排列为爷爷、奶奶、爸爸、妈妈、我（我与5的发音很像）、哥哥、姐姐和妹妹。

接下来，让人物一一与"八荣"联系起来。

1. 爷爷—热爱祖国

你可以想象爷爷参加过抗日战争，打过"日本鬼子"；或者可以想象爷爷每天早上要去天安门广场看升国旗。所以，爷爷热爱祖国。

2. 奶奶—服务人民

你可以想象自己的奶奶非常热心，她退休之后，每天都义务清扫大街。所以，通过奶奶就可以记住服务人民。

3. 爸爸—崇尚科学

你可以想象自己的爸爸是一个科学家，专门研究核武器，保家卫国。所以，通过爸爸就可以记住崇尚科学。

4. 妈妈—辛勤劳动

你可以想象妈妈每天在家里非常辛苦地照顾我们，要洗衣服、做饭。这是不是辛勤劳动呢？

5. 我—团结互助

你可以想象自己在班上跟同学关系搞得很好，成绩也很好，所以得到了团结互助的评语。

6. 哥哥—诚实守信

你可以想象自己的哥哥很有领导风范，说话算数，说带你出去玩，一定会做到。所以，哥哥是诚实守信的。

7. 姐姐—遵纪守法

你可以想象自己的姐姐平时都很听话，也很遵守纪律，从来不惹事。所以，姐姐是遵纪守法的。

8. 妹妹—艰苦奋斗

妹妹的目标是考上清华大学，所以，她每天都待在家里，读书读到深更半夜。所以，妹妹是艰苦奋斗的。

好了，我们通过这八个人物记住了"八荣"。我们来回忆一下：爷爷对应的是热爱祖国，奶奶对应的是服务人民，爸爸对应的是崇尚科学，妈妈对应的是辛勤劳动，我对应的是团结互助，哥哥对应的是诚实守信，姐姐对应的是遵纪守法，妹妹对应的是艰苦奋斗。

你看，原本死记硬背很久都不能完整记住的"八荣"，用八个人物就可以轻松地记下来。说到这里，有同学要提醒了，"老师，八耻还没记呢！"我们记住了"八荣"，用逻辑推理，往相反的方向思考，就可以把八耻记下来。

接下来，我们再尝试用虚构人物来定桩记忆。

心理健康的标准

有明确的自我意识；能较好地适应现实环境；具有和谐的人际关系；积极的情绪状态总是占优势；具有合理的行为；具有完整统一的人格品质。

考试、考证的朋友们，看到这种题型是不是感觉特别头

疼？因为这种题又抽象、字又多，让人总是背了又忘、忘了又背。其实，运用人物定桩法，可以轻松地把这类题搞定。

我们可以找《西游记》里的6个人物，把这道题给记下来：

唐僧、孙悟空、猪八戒、沙僧、白龙马和观音菩萨。

1. 唐僧—有明确的自我意识

唐僧很明确自己要做什么，他要一路向西，去西天取经。所以，唐僧有明确的自我意识。

2. 孙悟空—能较好地适应现实环境

孙悟空可以在太上老君的炼丹炉里待上七七四十九天，也可以在如来佛祖的五行山下活上500年。他是不是能较好地适应现实环境？

3. 猪八戒—具有和谐的人际关系

猪八戒左右逢源，跟师傅关系搞得好好的，什么好吃的他都吃得上。所以，通过猪八戒就可以记住具有和谐的人际关系。

4. 沙僧—积极的情绪状态总是占优势

沙僧总是任劳任怨，挑着行李，从来不发脾气。所以，通过沙僧就可以想到积极的情绪状态总是占优势。

5. 白龙马—具有合理的行为

西天取经时，白龙马当唐僧的坐骑，一路上不闹脾气，也不闯祸，让师傅顺利地取得真经。所以，通过白龙马就可以想到具有合理的行为。

6.观音菩萨—具有完整统一的人格品质

对于观音菩萨的形象,一看就感觉是正义的化身。不管是神仙还是妖魔鬼怪,都在她面前服服帖帖。所以,观音菩萨具有完整统一的人格品质。

好了,我们通过《西游记》的6个人物就记住了心理健康的标准。我们来回忆一下:唐僧对应的是有明确的自我意识,孙悟空对应的是能够较好地适应现实环境,猪八戒对应的是具有和谐的人际关系,沙僧对应的是积极的情绪状态总是占优势,白龙马对应的是具有合理的行为,观音菩萨对应的是具有完整统一的人格品质。

你看,通过这6个人物就可以把原本很枯燥、很难背的一道题给快速记下来。

大家学了人物定桩法,也可以尝试着打造固定的几套人物桩。熟悉人物桩之后,找到自己要背的内容,每一个人物对应一个知识点,试试看要多久才能背下来。记忆的牢固程度和速度都取决于练习的次数。熟能生巧是关键。

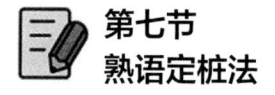

第七节
熟语定桩法

所谓熟语,包括我们耳熟能详的成语、诗词、歇后语等。由于我们从小就听到、背诵，甚至默写这些熟语，几乎是张口就来，不需要占用更多的逻辑思考，所以它们也是理想的记忆桩子。我们可以利用它们记住想记的东西。

具体的步骤，就是把熟语的每一个字和要记的每一个要点联结起来。

接下来，我就教大家用熟语定桩法记下辛亥革命的结果及历史意义。

结果

革命果实落入袁世凯手中；中国的社会性质未得到根本改变。

历史意义

（1）政治：是中国近代史上一次伟大的资产阶级民主革命。推翻了清王朝，结束了中国两千多年的封建君主专制制度，建立起资产阶级共和国。

（2）思想：使人民获得了一些民主和自由的权利，民主共和观念逐渐深入人心。

（3）经济：客观上打击了帝国主义侵略势力，为中华民族资本主义的发展创造了条件。

这里的答案有四个点，所以结合这一事件给我留下的整体印象，用"不堪回首"这个成语来记忆，每一个字对应一个知识点。

从"结果"部分可以找关键词"袁世凯，社会"，对应的第1个字是"不";可以想象袁世凯这个人做了很多坏事,一点都不利于国家和社会。

从"政治"部分可以找关键词"资产,封建",对应的第2个字是"堪",可以通过谐音想成"砍";你可以想象用资产买了很多把锋利的剑(封建),专门用来砍坏人。

从"思想"部分可以找关键词"民主,自由",对应的第3个字是"回";你可以想象我国各族人民获得了广泛的权利,回族人民也享有广泛的民主和自由。

从"经济"部分可以找关键词"帝国主义,中华民族",对应的第4个字是"首";你可以想象我们要打击以帝国主义为首的侵略势力,支持中华民族的资本主义发展。

在这里温馨提示一下大家,在记忆这种类型的题目时,面对的字往往比较多,看起来比较烦琐,我们一定要想办法找到关键信息,通过记忆关键信息,把整体回忆起来。考试的时候只要答对关键点就可以得到分数。

接下来,我们尝试一下用诗词来记忆。这里列出了世界知名的十位作家:荷马、但丁、歌德、拜伦、莎士比亚、雨果、泰戈尔、列夫·托尔斯泰、高尔基、鲁迅。我们用非常有名的一句五言绝句来记忆:"白日依山尽,黄河入海流",每一个字对应一个知识点。

1. 白—荷马

你可以通过谐音将"荷马"想成很凶猛的"河马"。你可以想象，有一匹白色的河马在河里游泳。

2. 日—但丁

"日"可以让人想到"太阳"，而"但丁"可以谐音为"蛋丁"，即"鸡蛋丁"。你可以想象，在太阳下吃着鸡蛋丁。

3. 依—歌德

"依"可以通过谐音想成"衣服"，"歌德"可以想成"唱歌的德国人"。你可以想象，唱歌的德国人穿着一件红色的衣服。

4. 山—拜伦

你可以想象，有一个人爬到山上去拜一个车轮，或者在山上拜周杰伦。

5. 尽—莎士比亚

"尽"可以通过谐音想成进入的"进"，"莎士比亚"可以想成"杀死比尔"。你可以想象，你进入了一个屋子，听到了一个恐怖的声音喊道："杀死比尔"。

6. 黄—雨果

你可以想象，黄色的雨下到了果子上。

7. 河—泰戈尔

"泰戈尔"发音很像英语单词"tiger"，"老虎"的意思。你可以想象，河里有一只老虎蹿上岸来。

8. 入—列夫·托尔斯泰

"入"可以想成"进入"，"列夫"可以通过谐音想成一个"猎人","托尔斯泰"可以想成"托着耳朵思念太太"。你可以想象,你进入一片森林,看到一个猎人,他正托着耳朵在思念自己的太太。

9.海—高尔基

"海"可以增字为"大海","高尔基"可以想成一个"很高的耳机"。你可以想象,你在大海里看到一个飘着的很高的耳机。

10.流—鲁迅

你可以想象,鲁迅写的文章是一流的水平。

好了,我们通过"白日依山尽,黄河入海流"这一句诗记住了世界上知名的十位作家。我们现在来回忆一下:白对应的是荷马,日对应的是但丁,依对应的是歌德,山对应的是拜伦,尽对应的是莎士比亚,黄对应的是雨果,河对应的是泰戈尔,入对应的是列夫·托尔斯泰,海对应的是高尔基,流对应的是鲁迅。

好了,关于熟语定桩法我们就先讲到这里。

第四章
记忆法实战应用
CHAPTER 4

在学习过各种记忆方法后,只有勤加练习才能真正将方法化为己用。本章将给出世界记忆锦标赛和日常工作、学习中常见类型的记忆案例,帮助大家具有针对性地学以致用。

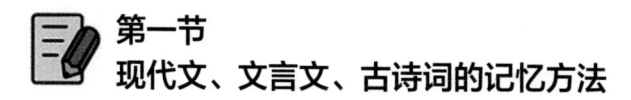

第一节
现代文、文言文、古诗词的记忆方法

一、现代文

> **春(节选)**
>
> **朱自清**
>
> 桃树、杏树、梨树,你不让我,我不让你,都开满了花赶趟儿。红的像火,粉的像霞,白的像雪。花里带着甜味;闭了眼,树上仿佛已经满是桃儿、杏儿、梨儿。花下成千成百的蜜蜂嗡嗡地闹着,大小的蝴蝶飞来飞去。野花遍地是:杂样儿,有名字的,没名字的,散在草丛里,像眼睛,像星星,还眨呀眨的。

这是朱自清写的《春》的其中的一段文字。我们根据文字想象画面就可以记下来。

"桃树、杏树、梨树，你不让我，我不让你，都开满了花赶趟儿。"这一句话用的是拟人的手法，你可以想象桃树、杏树、梨树都伸出了胳膊互相推搡，你不让我，我不让你。想象它们都开满了花，在一起比赛的样子。

"红的像火，粉的像霞，白的像雪。"可以想象桃花红得像火，杏花粉得像霞，梨花白得像雪。直接在脑海里面想象画面就可以了。

"花里带着甜味；闭了眼，树上仿佛已经满是桃儿、杏儿、梨儿。"花里带着甜味，你可以想象自己用舌头去舔一下花，感觉很甜。然后闭了眼，树上仿佛已经满是桃儿、杏儿、梨儿。这时候你就可以想象花儿快速地结成了果子。

"花下成千成百的蜜蜂嗡嗡地闹着，大小的蝴蝶飞来飞去。"你可以想象花下有成千成百的蜜蜂发出嗡嗡的声音。大小的蝴蝶飞来飞去，你会看到这些蝴蝶五颜六色，在空中飘飞的样子。

"野花遍地是：杂样儿，有名字的，没名字的，散在草丛里，像眼睛，像星星，还眨呀眨的。"野花遍地是，你可以想象野花开得到处都是。野花的品种很多，有的是你认识的，有的是你不认识的。它们散落在草丛里，像眼睛，像星星一样显眼，还眨呀眨的。

通过文字的描述来想象画面是一种非常轻松的记文章方

式，绝大部分的现代文都可以通过这种方式来记忆。在记忆的过程中要身临其境，把自己的感觉融入其中。如果发现文章里面有一些抽象词或者抽象的概念，可以把它们转换成具体的场景或者感觉。在记忆的时候要充分利用多感官以及情绪的作用。

二、文言文

接下来，跟大家分享文言文怎么记。提到文言文，是不是很多人感觉很头疼呢？有的人说文言文太枯燥了、太抽象了；有的人说文字太长。总之，就是感觉文言文很不好背。

我们依然用例子来说明。

生于忧患，死于安乐（节选）
孟子
　　故天将降大任于是人也，必先苦其心志，劳其筋骨，饿其体肤，空乏其身，行拂乱其所为，所以动心忍性，曾益其所不能。

这是一段非常经典的话，非常催人奋进，但是很多人记不全或者顺序记不对。接下来，我们就来记一下这段话。

"故天将降大任于是人也"，你可以想象天将要把很大的责任降在自己的肩膀上。

"必先苦其心志"，你摸一摸自己的心窝，感觉非常苦恼。

"劳其筋骨",你可以想象你天天在劳动,摸一摸你的双臂,你的筋骨非常健壮。

"饿其体肤,空乏其身",你可以想象,当你劳动一天之后,非常饿,摸一摸自己的肚子,已是空空如也。

"行拂乱其所为",你可以想象,因为自己很饿,所以向天空挥舞了自己的拳头——你的行为都混乱了。

"所以动心忍性",所以摸着自己的心窝说,让自己忍耐。

"曾益其所不能",当你能够做到以上事情的时候,你就无所不能了。

记忆这段文字时,我们用了一些动作,还加上了自己的一些感受。每个人的感受可能有所不同,请你根据自己的感受尝试记忆一下吧。

再来看一个例子:

醉翁亭记(节选)
欧阳修

已而夕阳在山,人影散乱,太守归而宾客从也。树林阴翳,鸣声上下,游人去而禽鸟乐也。然而禽鸟知山林之乐,而不知人之乐;人知从太守游而乐,而不知太守之乐其乐也。醉能同其乐,醒能述以文者,太守也。太守谓谁?庐陵欧阳修也。

我们用绘图记忆法,教大家如何把古文记下来。

"已而夕阳在山"中的"已而"可以谐音成"一儿",联想成一个儿子。一个儿子在夕阳西下的时候还在山上。山这里"人影散乱,太守归而宾客从也。"所以,连起来就是"已而夕阳在山,人影散乱,太守归而宾客从也"。

通过"树林阴翳"中的"翳"可以想成"蚁",从而想到这片树林的阴影下有一只蚂蚁。"鸣声上下",你可以听到上下都有"喳喳喳"的声音,这是有鸟在叫。"游人去而禽鸟乐也",你可以看到这幅画,游人离去了,禽鸟很开心,发出了"哈哈哈"的声音。所以,连起来就是"树林阴翳,鸣声上下,游人去而禽鸟乐也"。

将"然而禽鸟知山林之乐"中的"禽鸟知"望文生义为一只禽鸟和一只知了。禽鸟知道知了"哈哈哈"的快乐。"而不知人之乐",就用一个叉表示不知。所以,这幅

图对应的就是"然而禽鸟知山林之乐,而不知人之乐"。

"人知从太守游而乐"中的"人""知""从"和"太守"都转化为图像,"人"与"太守"原本就有图像,不用转化,"知"转化成"知了","从"则转化成"花丛"。想象这个人在游泳很快乐。所以,这就是"人知从太守游而乐"。看看这个人,他不知,所以在知了这打了一个叉。太守看到知了很快乐,下棋也很快乐。最下面的这个手势代表"耶(yeah)",谐音也。所以,这幅图就是"人知从太守游而乐,而不知太守之乐其乐也"。

喝一坛酒就醉了,还拿着铜钱和棋子很快乐。醒来还写了一篇文章。太守比出了一个"耶(yeah)"的手势。所以,这幅图描述的就是"醉能同其乐,醒能述以文者,太守也"。

"太守谓谁"可以谐音为"太守喂谁"。看看这幅图，太守拿着勺子在喂谁呢？左边的是庐陵，右边的是太守欧阳修。所以，这幅图对应的文字就是"太守谓谁？庐陵欧阳修也"。

这段文章我们讲完了，大家来复习一下。

还可以用上一章学到的熟语定桩法来记忆。同样来看一个例子：

弟子规（节选）

李毓秀

弟子规，圣人训，首孝悌，次谨信；

泛爱众，而亲仁，有余力，则学文；

父母呼，应勿缓，父母命，行勿懒；

父母教，须敬听，父母责，须顺承；

冬则温，夏则清，晨则省，昏则定；

出必告，反必面，居有常，业无变；

事虽小，勿擅为，苟擅为，子道亏；

物虽小，勿私藏，苟私藏，亲心伤；

亲所好，力为具，亲所恶，谨为去；

身有伤，贻亲忧，德有伤，贻亲羞。

我们来记一下《弟子规》的这10句话。我们可以找

"床前明月光,疑是地上霜"这句话来定桩,每个字对应一句话。

1. 床—弟子规,圣人训,首孝悌,次谨信

弟子在床上玩一只乌龟,圣人看到了就训斥他。他还收了一个小弟,赐给小弟一封金信。

2. 前—泛爱众,而亲仁,有余力,则学文

有了钱就可以吃饭,吃心爱的粽子,让儿子把这些送给亲人。吃饱喝足有了多余的力气,就可以学习文化知识了。

3. 明—父母呼,应勿缓,父母命,行勿懒

父母呼喊的时候,小明应答不敢缓慢。父母命小明去做事情的时候,行动切勿懒惰。

4. 月—父母教,须敬听,父母责,须顺承

你可以想象有一天你贪玩了,直到月亮出来才回家。回到家,父母教训你,你必须恭敬地听着;父母责备你,你必须恭顺地承认错误。

5. 光—冬则温,夏则清,晨则省,昏则定

你可以想象适当的光线会让冬天变得温暖,夏天变得清凉。早晨自然醒来,黄昏的时候就自然安定下来。

6. 疑—出必告,反必面,居有常,业无变

你可以想象小姨很关心自己,她对你说,"如果是要出去玩,必须要告知父母;返回的时候必须要面对父母,说自己回来了。饮食起居要正常,做作业要有固定的时间,不要

变来变去。"

7. 是——事虽小，勿擅为，苟擅为，子道亏

你可以想象柿子（"是"谐音"柿"）虽然很小，但是不要自己擅自去摘。如果一只狗擅自去摘了柿子，主人就会拿棍子打它，它就知道要吃亏了。

8. 地——物虽小，勿私藏，苟私藏，亲心伤

你可以想象地上的物品虽然很小，切勿私藏。如果狗狗私藏了，亲人的心就会受伤。

9. 上——亲所好，力为具，亲所恶，谨为去

你可以想象，你要去上班之前，尽力为亲人准备他喜爱的东西。亲人所厌恶的东西，让警卫把它去掉。

10. 霜——身有伤，贻亲忧，德有伤，贻亲羞

你可以想象有一天你看到了霜，非常好奇。你拼命地玩着霜，不小心滑倒了，身体摔伤了，让亲人感觉很担忧。但是你却撒了谎，说明自己的德行有损伤，这会让亲人羞愧。

至此，我们用"床前明月光，疑是地上霜"这10个字就轻松地记下了《弟子规》的10句话。

三、古诗词

接下来我们再看看如何记忆古诗词。同样，我们可以直接想象意境，也可以使用绘图记忆法，还可以用上一章学到的各种定桩法。

打造你的记忆脑

我们来看一下《观沧海》这首古诗怎么来记忆。

> **观沧海**
> 曹操
>
> 东临碣石，以观沧海。
> 水何澹澹，山岛竦峙。
> 树木丛生，百草丰茂。
> 秋风萧瑟，洪波涌起。
> 日月之行，若出其中；
> 星汉灿烂，若出其里。
> 幸甚至哉，歌以咏志。

诗词大意：东行登上碣石山，来观赏大海。海水浩浩荡荡，山岛高高地挺立在海边。树木和百草一丛丛的，十分繁茂。秋风吹动树木发出悲凉的声音，海中翻腾着巨大的波浪。太阳和月亮的运行，好像是从这浩瀚的海洋中出发的。银河星光灿烂，好像是从这浩渺的海洋中产生出来的。庆幸得很啊，就用诗歌来表达自己的志向吧！

对于这首诗，我们直接通过文字来想象意境就可以记住了。你可以想象自己就是曹操，要去观沧海。曹操爬上了东面的一块碣石观沧海。所以，这句话是"东临碣石，以观沧海"。

你发现海里的水竟都是淡水。水汹涌澎湃，冲上了山岛。山岛耸立，直入云霄。所以，这句诗是"水何澹澹，山岛竦峙"。

山岛上有什么呢？树木丛生，还有百草丰茂。所以，对应的诗是"树木丛生，百草丰茂"。

突然从百草中刮出一阵秋风，让人感觉到万物都非常萧瑟。秋风越刮越大，把洪波都给刮涌起了。所以，对应的诗是"秋风萧瑟，洪波涌起"。

你在洪波中看到了日月在行走，好像出自洪波之中。所以，对应的诗是"日月之行，若出其中"。

洪波里还有星汉，非常灿烂，好像从里面出来的。所以，对应的诗是"星汉灿烂，若出其里"。

看到这些情景，感觉自己非常幸运和自在（至哉），于是唱着歌，抒发自己的志向。所以，这句诗是"幸甚至哉，歌以咏志"。

以后我们记诗的时候，直接把文字想成画面，就可以轻松高效地记下来。

接下来，我们来看一下这首诗怎么来记。

登飞来峰

王安石

飞来山上千寻塔，
闻说鸡鸣见日升。
不畏浮云遮望眼，
自缘身在最高层。

打造你的记忆脑

我们可以用绘图记忆法来记忆这首诗。请大家先通读两遍这首诗，然后看着下面的图试着背诵出来。

接着，我们使用数字定桩法记忆古诗。

白雪歌送武判官归京

岑参

北风卷地白草折，胡天八月即飞雪。

忽如一夜春风来，千树万树梨花开。

散入珠帘湿罗幕，狐裘不暖锦衾薄。

将军角弓不得控，都护铁衣冷难着。

瀚海阑干百丈冰，愁云惨淡万里凝。

中军置酒饮归客，胡琴琵琶与羌笛。

纷纷暮雪下辕门，风掣红旗冻不翻。

轮台东门送君去，去时雪满天山路。

山回路转不见君，雪上空留马行处。

诗词大意：

北风席卷大地把白草吹折，塞北的天空八月就纷扬落雪。

忽然间宛如一夜春风吹来，千树万树仿佛梨花盛开。

雪花散入珠帘打湿了罗幕，狐裘穿不暖，锦被也嫌单薄。

将军的手冻得拉不开弓，铁甲冰冷得让人难以穿着。

无边的沙漠结着百丈的冰，万里长空凝聚着惨淡愁云。

主帅帐中摆酒为归客饯行，胡琴、琵琶、羌笛合奏来助兴。

傍晚辕门前大雪落个不停，红旗冻僵了风也无法牵引。

轮台东门外欢送你回京去，你去时大雪盖满了天山路。

山路迂回曲折已看不见你，雪上只留下一行马蹄印迹。

这首诗加上标题，总共有10句话。我们可以用数字1~10来定桩记住。

1. 蜡烛—白雪歌送武判官归京（岑参）

想象自己拿着蜡烛写了一首歌为武判官饯行，送他归京，还送给他今天山上摘的人参作为礼物。

2. 鹅—北风卷地白草折，胡天八月即飞雪

你可以想象鹅飞了起来，刮起了北风，北风卷地，把白草都吹折了，北风让胡天的八月份就飘起了飞雪。

3. 耳朵—忽如一夜春风来，千树万树梨花开

你可以想象忽然一夜的春风都吹到了耳朵上，耳朵上长了千万棵树，这些树上开满了梨花。

4. 帆船—散入珠帘湿罗幕，狐裘不暖锦衾薄

你可以想象帆船上非常冷，雪花散落进入珠帘，打湿了罗幕。天气太冷了，狐裘穿在身上一点都不暖和，锦衾（锦旗）穿起来也感觉单薄。

5. 秤钩—将军角弓不得控，都护铁衣冷难着

你可以想象用秤钩拉着将军的角弓，使它不受控制。首都护卫的铁衣冷得穿不住。

6. 勺子—瀚海阑干百丈冰，愁云惨淡万里凝

你可以想象用勺子敲一敲瀚海上面的阑干（栏杆）有一百丈冰，很忧愁的云惨淡地在万里之外凝结。

7. 镰刀—中军置酒饮归客，胡琴琵琶与羌笛

你可以想象一个中校军官挥舞着镰刀置办酒席，和归客在一起饮酒，并且听着胡琴、琵琶与羌笛合奏。

8. 眼镜—纷纷暮雪下辕门，风掣红旗冻不翻

你可以想象戴着眼镜看到纷纷扰扰的暮雪下到了辕门上，风掣（扯）着红旗，但旗被冻住了一点也不翻动。

9. 口哨—轮台东门送君去，去时雪满天山路

你可以想象吹着口哨从轮台的东门送君离去，去的时候雪已经下满了天山路。

10. 棒球—山回路转不见君，雪上空留马行处

你可以想象打完棒球从山上回来，路上转了个弯君就不见了，雪上只留下了马行走的踪迹。

接下来，我们就可以从第1句复习到最后1句，复习几遍就可以轻松记下来并且倒背如流，当别人抽查你第3句、第5句、第7句，任何一句你都可以回答出来。

再试一试身体定桩法。

> **满江红**
> 岳飞
>
> 怒发冲冠，凭栏处、潇潇雨歇。抬望眼，仰天长啸，壮怀激烈。三十功名尘与土，八千里路云和月。莫等闲、白了少年头，空悲切。
>
> 靖康耻，犹未雪；臣子恨，何时灭！驾长车、踏破贺兰山缺。壮志饥餐胡虏肉，笑谈渴饮匈奴血。待从头、收拾旧山河，朝天阙。

诗词大意：我愤怒得头发竖起，以至于将帽子顶起。登高倚栏杆，一场潇潇细雨刚刚停歇。抬头四望辽阔一片，仰天长声啸叹，一片报国之心充满胸怀。三十多年来虽已建立一些功名，但如同尘土微不足道。南北转战八千里，经过多少风云人生。不要虚度年华，花白了少年黑发，只有独自悔恨悲悲切切。靖康年的奇耻，尚未洗雪；臣子的愤恨，何时才能泯灭。我要驾着战车向贺兰山进攻，连贺兰山也要踏为平地。我满怀壮志，打仗饿了就吃敌人的肉，谈笑渴了就喝敌人的鲜血。我要从头再来，收复旧日河山，朝拜故都京阙。

这首词有9句，我们可以在身体上找9个部位来定桩记

打造你的记忆脑

忆。回忆一下自己的身体部位：第1个部位是头，第2个部位是眼睛，第3个部位是鼻子，第4个部位是嘴巴，第5个部位是脖子，第6个部位是肩膀，第7个部位是胸，第8个部位是肚子，第9个部位是大腿。

1.头——怒发冲冠，凭栏处、潇潇雨歇

想象愤怒的头发把帽子都给顶飞了，在栏杆处看着潇潇洒洒的雨。

2.眼睛——抬望眼，仰天长啸，壮怀激烈

可以想象抬起眼睛望着天，仰天长啸，心情很激烈。

3.鼻子——三十功名尘与土，八千里路云和月

这句话提取两个关键词"尘与土、云和月"，可以想象左边的鼻孔里有尘与土，右边的鼻孔里有云和月。这样就可以想起来鼻子对应的是"三十功名尘与土，八千里路云和月"。

4.嘴巴——莫等闲、白了少年头，空悲切

嘴巴说："莫等闲、白了少年头，空悲切。"

5.脖子——靖康耻，犹未雪

可以找关键字"耻、雪"，想象脖子在吃（耻）雪。

6.肩膀——臣子恨，何时灭

想象肩膀上站着一个大臣，大臣的愤恨何时才能泯灭？

7.胸——驾长车，踏破贺兰山缺

在胸口驾驶一辆长车，踏破了贺兰山，贺兰山有了一个缺口。

8.肚子——壮志饥餐胡虏肉,笑谈渴饮匈奴血

可以想象肚子饿了,怀着雄心壮志的心情尽情吃着葫芦(胡虏)肉;笑着谈话,渴了就喝匈奴的血。

9.大腿——待从头、收拾旧山河,朝天阙

可以想象拍着大腿说,待我从头开始,收拾旧山河,朝天上打一个缺(阙)口。

好了,我们已经用身体定桩法把这首词从头到尾记下来了。多复习几次,我们就能做到倒背如流,并能抽背、点背。

再看一个身体定桩法记诗词的例子。

月下独酌

李 白

花间一壶酒,独酌无相亲。
举杯邀明月,对影成三人。
月既不解饮,影徒随我身。
暂伴月将影,行乐须及春。
我歌月徘徊,我舞影零乱。
醒时同交欢,醉后各分散。
永结无情游,相期邈云汉。

诗词大意:提一壶美酒摆在花丛间,自斟自酌无友无亲。举杯邀请明月,对着身影成为三人。明月当然不会喝酒,身影也只是随着我身。我只好和他们暂时结成酒伴,要行乐就必须把美好的春光抓紧。我唱歌明月徘徊,我起舞身

影凌乱。醒时一起欢乐，醉后各自分散。我愿与他们永远结下忘掉伤情的友谊，相约在缥缈的银河边。

这首诗有7句，我们就打造7个人物的定桩系统。

我找了学校中的7个老师：第1个人物是语文老师，第2个人物是数学老师，第3个人物是英语老师，第4个人物是政治老师，第5个人物是历史老师，第6个人物是物理老师，第7个人物是化学老师。

1. 语文老师——花间一壶酒，独酌无相亲

你可以想象语文老师是一个文艺青年，她在花间提着一壶酒，自己很孤独，独酌没有相亲的对象。

2. 数学老师——举杯邀明月，对影成三人

你可以想象数学老师举着酒杯邀请明月来一起喝酒，对着影子成了三个人。

3. 英语老师——月既不解饮，影徒随我身

你可以想象英语老师用英文对着月亮说，"你既然不解风情地陪我饮酒，那我就让影子和徒弟随我身吧。"

4. 政治老师——暂伴月将影，行乐须及春

你可以想象政治老师讲课太枯燥，没有朋友，只能暂时陪伴月亮和影子。他说行乐必须及时，而且在春天最好。

5. 历史老师——我歌月徘徊，我舞影零乱

你可以想象历史老师唱着歌，发现月亮在徘徊，跳着舞，发现影子很凌乱。

6. 物理老师——醒时同交欢，醉后各分散

你可以想象物理老师醒的时候同很多朋友交往，感觉很欢乐，喝醉之后就各自分散了。

7. 化学老师——永结无情游，相期邈云汉

你可以想象化学老师愿意结交无数有情人一起游玩，相互约定下学期要到缥缈的云上去玩。

有同学发现了，上一个例子中我们没有记诗的题目，那么为了更好地记住诗题，标题定桩法就是一个好方法。来看一个例子：

> **游山西村**
> 陆游
>
> 莫笑农家腊酒浑，丰年留客足鸡豚。
> 山重水复疑无路，柳暗花明又一村。
> 箫鼓追随春社近，衣冠简朴古风存。
> 从今若许闲乘月，拄杖无时夜叩门。

诗词大意：不要笑农家腊月里酿的酒浊而又浑，在丰收的年景里待客菜肴非常丰繁。山峦重叠，水流曲折，正担心无路可走，柳绿花艳忽然眼前又出现一个山村。吹着箫，打起鼓，春社的日子已经接近。村民们衣冠简朴，古代风气仍然保存。今后如果还能乘大好月色出外闲游，我一定拄着拐杖随时来敲你的家门。

打造你的记忆脑

诗题"游山西村"有4个字，正好每个字对应一句诗。

1. 游—莫笑农家腊酒浑，丰年留客足鸡豚

游客莫笑农家的腊酒是浑的，丰收之年留客人吃饭，可是准备了足够的鸡肉豚肉。

2. 山—山重水复疑无路，柳暗花明又一村

你发现山和水非常多，担心没有路了。突然看见柳树和开花的树，原来有一个村子。

3. 西—箫鼓追随春社近，衣冠简朴古风存

你可以想象，吃着西瓜，吹着箫，打着鼓，追随着春社日越来越近。衣着非常简朴，古代的风尚仍然存在。

4. 村—从今若许闲乘月，拄杖无时夜叩门

村民说，"从今往后若有闲，一定要多去外面乘凉，欣赏月亮。拄着拐杖随时，甚至晚上来叩你家门。"

龟虽寿

曹操

神龟虽寿，犹有竟时。

腾蛇乘雾，终为土灰。

老骥伏枥，志在千里。

烈士暮年，壮心不已。

盈缩之期，不但在天。

养怡之福，可得永年。

幸甚至哉，歌以咏志。

这首诗我们可以用万事万物定桩法来记忆。同样的桩子可以重复利用，因此我们再用这辆车来记忆。

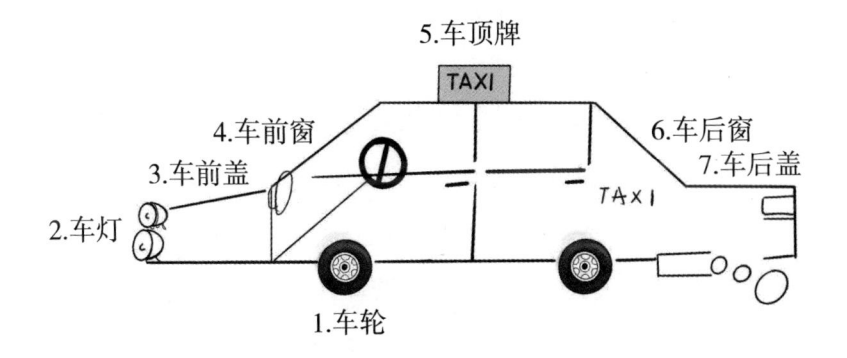

```
         5.车顶牌
    4.车前窗        6.车后窗
  3.车前盖            7.车后盖
2.车灯
         1.车轮
```

1. 车轮——神龟虽寿，犹有竟时

可以找关键词"神龟"，想象一只神龟咬住了车轮，不让它开走。

2. 车灯——腾蛇乘雾，终为土灰

可以找关键词"腾蛇"。想象开着车，车灯突然照到了一条腾飞而起的蛇。

3. 车前盖——老骥伏枥，志在千里

你可以找关键词"老骥"。老骥是老马的意思。想象一匹老马在车前盖上跳着、跑着。

4. 车前窗——烈士暮年，壮心不已

可以找关键词"烈士"，你可以想象车前窗上贴着一张烈士的照片，司机每天都纪念他。

打造你的记忆脑

5. 车顶牌——盈缩之期,不但在天

可以找关键词"不但",用谐音可以想成"布满导弹"。你可以想象车顶上布满了导弹,可以随时发射。

6. 车后窗——养怡之福,可得永年

可以找关键词"永年",想象后车窗上有一面神奇的镜子,只要看一下这面镜子就可以永远年轻。

7. 车后盖——幸甚至哉,歌以咏志

可以找关键词"至哉",用谐音可以想成"自在"。想象坐在后车盖上,喝着饮料,看着天空很自在。

除了使用定桩法,我们还可以具体情况具体分析。例如,对于下面这首诗,我们可以用找关键词的方法来记忆。

次北固山下

王湾

客路青山外,行舟绿水前。
潮平两岸阔,风正一帆悬。
海日生残夜,江春入旧年。
乡书何处达?归雁洛阳边。

诗词大意:旅途在青山外,在碧绿的江水前行舟。潮水涨满,两岸与江水齐平,整个水面宽阔,顺风行船恰好把帆儿高悬。夜幕还没有褪尽,旭日已在江上冉冉升起。还在旧年时分,江南已有了春天的气息。寄出去的家信不知何时才

能到达，希望北归的大雁捎到洛阳那边。

在这首诗中，一些意象非常鲜明，所以可以轻易地找到关键词：第1句话我们可以找关键词"青山"，第2句话我们可以找关键词"两岸"，第3句话我们可以找关键词"海日"，第4句话我们可以找关键词"归雁"。

青山、两岸、海日、归雁，我们把它们联结起来。你可以想象青山坐落在两岸，岸头升起了海日。海日耀眼的光芒照着归来的大雁。通过关键词就可以把每一句话回想起来，从而把整首诗背下来。

再看一首诗。

所 见
袁枚

牧童骑黄牛，
歌声振林樾。
意欲捕鸣蝉，
忽然闭口立。

这首诗可以用字头歌诀法来记忆。"牧童骑黄牛"可以找关键字"牧"，"歌声振林樾"可以找关键字"歌"，"意欲捕鸣蝉"可以找关键字"意"，"忽然闭口立"可以找关键字"忽"。所以，就有了这4个字"牧歌意忽"，你可以想象"牧歌一壶"：有一个人唱着牧歌，提着一壶酒。只

要把这个画面想出来,这首诗就能记下来。

在背书的时候,利用节奏感或者音乐也可以有效地提高记忆的效率。比如,王菲根据苏轼的《水调歌头·明月几时有》演唱的《但愿人长久》;伊能静根据苏轼的《念奴娇·赤壁怀古》而演唱的《念奴娇》;朴树演唱的李叔同的《送别》;邓丽君根据李煜的《相见欢·无言独上西楼》而演唱的《独上西楼》。我们听着这些诗词配上的现代流行音乐,跟随旋律就能把这些诗词背下来。

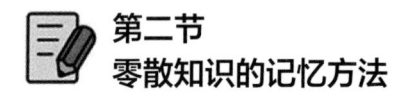

第二节
零散知识的记忆方法

本节跟大家分享的是零散知识的记忆方法。

中国古代十大诗人及他们的称号

1. 诗仙—李白

"仙"可以想到"神仙","李白"可以用谐音想成"你很白"。你可以想象一个神仙说你很白。

2. 诗圣—杜甫

"诗圣"用谐音可以想成"吃剩","杜甫"可以想成"豆腐"。你可以想象吃剩下的豆腐。

3. 诗佛——王维

"诗佛"可以谐音成"师傅","王维"可以通过谐音想成"王位"。你可以想象师傅的梦想是获得王位。

4. 诗魔——白居易

"魔"可以想成一个"魔鬼",它的头发很白,居住在一座山里面。所以,通过魔鬼就可以想到诗魔,头发很白,居住在一座山里,就可以想到白居易。

5. 诗鬼——李贺

"诗鬼"用谐音可以想成"是鬼","李贺"倒过来可以想成"贺礼"。你可以想象是鬼偷走了贺礼。

6. 诗豪——刘禹锡

"诗豪"的"豪"可以谐音成"好",我们可以把"刘禹锡"的"禹"和"锡"颠倒一下顺序,变成"刘锡禹","刘锡禹"谐音很像"流星雨"。我们好喜欢流星雨啊!

7. 诗骨——陈子昂

"诗骨"颠倒过来就可以想成"古诗"。在"陈子昂"中找关键词"陈子","陈子"可以想成"橙子"。你可以想象孩子背古诗背得很棒,爸爸奖励孩子一个橙子。

8. 诗狂——贺知章

"诗狂"可以找关键字"狂",想象成一个狂人。"贺"可以想成"呵斥","知章"可以想成"智障",你可以想象一个狂人正在呵斥一个"智障"。

9. 诗囚——孟郊

你可以想象一个囚犯在做梦的时候交到了一个朋友。从囚犯就可以想到"诗囚",从做梦交到一个朋友就可以想到"孟郊"。

10. 诗奴——贾岛

"奴"可以想成"奴隶","贾岛"可以想成"假的岛屿"。你可以想象奴隶被贩运到一个假的岛屿上。

好了,我们来回忆一下:诗仙是李白,诗圣是杜甫,诗佛是王维,诗魔是白居易,诗鬼是李贺,诗豪是刘禹锡,诗骨是陈子昂,诗狂是贺知章,诗囚是孟郊,诗奴是贾岛。

史书中的"第一"

1. 我国第一部纪传体通史:《史记》

从"我国第一部纪传体通史"中可以找关键词"记传",用谐音可以想成"急转",再想成"脑筋急转弯"。"史记"可以通过谐音想成"司机"。你可以想象司机在玩脑筋急转弯。

2. 我国现存第一部叙事详细的编年体史书:《左传》

从"我国现存第一部叙事详细的编年体史书"中可以找关键词"编年",从而想到"编辑年龄大了"。"左传"可以通过谐音想成"左转"。你可以想象一个编辑年龄很大了,有一个习惯就是总是向左转。

3. 我国第一部国别体史书:《国语》

从"我国第一部国别体史书"中可以找关键词"国别"。这里有一个"国别",还有一个"国语",我们可以提取出关键字"别"和"语",组成"别语",进而想到"蹩脚的语言"。

4.我国第一部编年体通史:《资治通鉴》

从"我国第一部编年体通史"中可以找关键词"通史",谐音为"同事"。从"资治通鉴"中找关键词"资治",谐音为"资质"。可以想象我们单位有一个同事非常有资质。

5.我国第一部编年体史书:《春秋》

从"我国第一部编年体史书"中可以找关键词"史书"。可以想象读史书要下苦功夫,不管是春夏秋冬都要努力。

中国文学之"最"

1.最早的诗歌总集:《诗经》

从"最早的诗歌总集"中可以找关键词"诗歌"。"诗经"通过谐音可以想成"丝巾"。可以想象朗诵诗歌的时候戴上丝巾更有气质。

2.最早的语录体散文:《论语》

从"最早的语录体散文"中可以找关键词"语录",谐音为"雨露"。想象《论语》这本书上面沾满了雨露。

3.最早的长篇叙事诗:《孔雀东南飞》

从"最早的长篇叙事诗"中可以找关键词"叙事",通过谐音可以想到"喜事"。从"孔雀东南飞"中可以找关键词"孔雀"。想象看到孔雀就预示着喜事的到来。

4. 最早的田园诗人：陶渊明

从"最早的田园诗人"中可以找关键词"田园"。"陶渊明"可以减字为"陶渊"，再谐音成"桃园"。想象田园和桃园生活是我们共同的向往。

5. 最早描写农民起义的长篇白话小说：《水浒传》

从"最早描写农民起义的长篇白话小说"中可以找关键词"农民起义"。从"水浒传"中可以找关键词"水浒"，通过谐音可以想成"水壶"。想象农民起义的时候都拿着水壶当武器。

6. 我国第一部长篇讽刺小说：《儒林外史》

从"我国第一部长篇讽刺小说"中可以找关键词"讽刺"。将"儒林外史"想成"一个儒生在树林里看外国的历史书"。想象一个儒生在树林里看外国的历史书，这太讽刺了。

《红楼梦》里面的"金陵十二钗"

她们是：林黛玉、薛宝钗、贾元春、贾探春、史湘云、妙玉、贾迎春、贾惜春、王熙凤、贾巧姐、李纨、秦可卿。

林黛玉可以想成"领带鱼"。薛宝钗可以想成"雪豹柴"，即一只雪豹在柴堆里。贾元春可以想成"家园春"，即家园像春天一样蓬勃向上。贾探春可以想成"假探蠢"，即假的侦探很蠢。史湘云可以想成"石像晕"，即石像晕了。妙玉可以想成"很奇妙的玉"。贾迎春可以想成"家鹰春"，即家里的老鹰特别喜欢春天。贾惜春可以想成"假戏蠢"，即做假戏的人很蠢。王熙凤可以想成"王媳妇"，即老王的媳妇。贾巧姐可以想成"假巧姐"，很假的、投机取巧的姐姐。李纨可以想成"丽湾"，即美丽的港湾。秦可卿可以颠倒过来想成"青稞亲"，即把青稞送给亲爱的人。

接下来，我们把这些名字都串联起来。为了记忆更加方便，我们可以把这些名字的顺序调整一下。可能有同学会问，"这样是不是很复杂？"其实一点都不复杂，我们在这里就是练习如何灵活运用方法，因为我们以后会面对各种各样的内容。

于是"金陵十二钗"的顺序就变成了林黛玉、薛宝钗、王熙凤、史湘云、妙玉、李纨、秦可卿、贾元春、贾探春、贾惜春、贾迎春、贾巧姐。前7个名字，我们可以取每个名字的第1个字，后五个名字因为都姓贾，我们可以取每个名字中间的一个字。所以就变成了"林、薛、王、史、妙、李、秦、元、探、惜、迎、巧"，可以谐音成"您学往寺庙里请，远探吸引瞧"。您想学习的话，往寺庙里请，从很远的地方过来探望，被吸引了，来瞧一瞧。

冰心的作品

冰心的作品有《超人》《小橘灯》《去国》《春水》《繁星》《寄小读者》。

我们可以想象一个故事，有一颗冰心的超人，提着一盏小橘灯，去了一个国家。那个国家有一望无际的春水，春水里面满是繁星，于是把这些繁星摘下来寄给了小读者。

鲁迅的作品

鲁迅的作品有《呐喊》《孔乙己》《阿Q正传》《药》《故乡》《祝福》《狂人日记》《社戏》。

在这里做一下说明，孔乙己就是在酒馆里面唯一一个穿着长衫站着喝酒的人。"阿Q正传"可以概括为关键词"阿Q"，从而想到大街上跑的QQ汽车。

我们可以编一个故事把这些作品全部串联起来。你可以想象自己就是鲁迅，呐喊孔乙己的名字，和孔乙己一起开着QQ汽车，车上装满了名贵药材，要回故乡去送祝福。结果路上有狂人在拦路抢劫，一慌神把车撞到了社戏的台子上面。

第三节
中文字词的记忆方法

作为中国人，我们平时接触最多的文字就是中文，可是有很多同学在学习的时候，经常会把字和词语认错、写错。在考试中，经常会有字和词语辨认的试题，这些字和词语写错、认错是要扣分的。如果在社会上，我们去演讲的时候，把字念错了，就闹出大的笑话了，甚至给我们的工作单位造成负面影响和损失。

识记汉字是有方法的。接下来的时间,我就跟大家来分享,如何准确地记住字和词语。

字	读音	记忆方法
犇	bēn	由三个牛组成,你可以想象有三头牛在狂奔
垚	yáo	由三个土组成,你可以想象,在遥远的地方有三个土堆,所以,这个字就可以记成yáo
焱	yàn	由三个火组成,你可以联想三米高的火焰
淼	miǎo	你可以想到一秒钟喝了三瓶水。那四个水,㵘读什么音呢?读màn,你可以想象四周慢慢被水淹没
瓠	hù	左边是夸,右边是瓜,你可以想象两个人互相夸赞瓜很甜
玊	sù	跟玉是不是长得很像?你可以想象玉的一点快速上移
氼	nì	上面是水,下面是人,你可以想象溺水的人很危险
姽	guǐ	左边是女,右边是危,你可以想象女人碰到危险的鬼
炛	guāng	上面是火,下面是化,你可以想象火化的人发出一道光
翯	hè	上面是羽,下面是高,你可以想象白鹤的羽毛飘在高空
袆	kǎ	左边是衣字旁,右边是上下,你可以想象衣服上下都装满了卡
㚵	gū	上面是功,下面是夫,这个字非常有意思,你可以想象姑妈的功夫很高
烎	yín	上面是开,下面是火,你可以想象劫匪去抢劫,拿枪朝银行开火。

好了，关于字怎么记忆的内容就先讲到这里。那么接下来，我们来看词语怎么记。

正确的词	错误的词	记忆方法
迫不及待	迫不急待	想象这样一个故事：你被迫去上学，但讨厌学习，所以，每次考试都不及格。这样我们就知道迫不及待的及是不及格的及
锋芒毕露	锋芒必露	一个人他以前伪装得很好，凡事都表现得很好，但是他要毕业的时候把所有的坏习惯全给展露了出来。所以，我们以后就知道锋芒毕露的毕是毕业的毕
大名鼎鼎	大名顶顶	想象一个人有非常大的名声，每当他到一个地方的时候，会有很多人来看他，于是人声鼎沸。所以，大名鼎鼎的鼎是人声鼎沸的鼎
打抱不平	打报不平	想象有一个人非常有侠气，他把坏人抱住，重重地摔到地上。所以，打抱不平这个成语你永远都不会记错了
背道而驰	背道而弛	想象马儿拉着车在快速地跑，一路奔驰。所以，你就可以想到背道而驰的驰是马字旁
能屈能伸	能曲能伸	我们可以用望文生义来想象一个画面：这个人能够忍受委屈，还能够伸手去帮助别人。所以，能屈能伸的屈是委屈的屈
一鼓作气	一股作气	你可以想象古时候两军作战的时候，用敲鼓来振作军队的士气
关怀备至	关怀倍至	你可以想到刘备对他的兄弟关怀备至，所以，关怀备至的备是刘备的备
平心而论	凭心而论	想象一个人平心静气地跟别人讨论问题

好了，关于字和词语的记忆就先讲到这里。相信大家以后再也不会因为记错字和词语而烦恼了。

第四节
数字、中文、英文的混合记忆方法

在本节中,我们来实战练习一下数字、中文、英文的混合记忆方法在学习、生活、工作当中的运用。本节会涉及五个方面的练习。

一、历史年代

很多人看到历史年代就头疼,根本就记不住。他们脑海里对于数字是没有概念的。

怎么解决这个问题呢?我曾在世界记忆锦标赛的虚拟历史事件项目中获得世界第二,所以我有充足的历史事件记忆经验,一定可以教会你快速记下历史年代。

1. 秦始皇灭六国——公元前221年

我们可以这样来记忆,"公元前"可以想成"公园前",2是两个的意思,21的数字编码是鳄鱼。你可以想象,在公园前,秦始皇用两条鳄鱼灭了六国。

2. 唐朝建立——618年

618可以谐音成"捞一把",唐朝提取关键字"唐",进而想成"糖果"。你可以想象捞一把糖果就建立了唐朝。

3. 中法战争(1883~1885年)

1883可以谐音成"一把芭扇",1885可以谐音成"一把宝物"。想象中法战争，法军抢走了中国的一把芭扇和一把宝物。

4. 中日甲午战争—1894年

1894可以谐音成"一把揪死"。可以想象中日甲午战争，清军惨败，被一把揪死。

5. 八国联军侵华—1900年

19的数字编码为药酒，00的数字编码为望远镜。可以想象八国联军侵华时，把我们的药酒和望远镜都抢走了。

6. 中国第一颗原子弹成功试爆—1964年

19可以谐音成"一舅"，64的数字编码为"螺丝"，可以想象中国第一颗原子弹试爆成功的时候，上面有一颗一舅拧的螺丝。

好了，大家把相关的历史年代写出来。

秦始皇灭六国是在公元前_____年。

唐朝建立的时间是_____年。

中法战争发生在_____年。

中日甲午战争发生在_____年。

八国联军侵华发生在_____年。

中国第一颗原子弹成功试爆是在_____年。

二、生日

如何只听一遍就记住亲人、朋友的生日呢？

比如，小明的生日是2月5日，2月5日就是数字25，25的编码是二胡。你可以想象小明拉二胡的时候拉出了蛋糕，蛋糕粘得他满身都是。通过想象这个画面，你就永远记得小明的生日是2月5日了。

又比如，二哥的生日是12月16日，12的编码是"椅儿"，16的编码是"石榴"。你可以想象二哥坐在椅儿上，把石榴放在蛋糕上大口地吃下去。

三、车牌

对于绝大部分人来说，记忆车牌号绝对是一个难题，因为车牌号里面夹杂着数字、中文、字母。这么复杂的信息，怎么记得下来呢？

比如，粤A5TG68这个车牌可以这样记：我们可以对这个车牌号进行拆分，再用故事法串联起来。"粤"是广东的简称，"A5"可以令人想到"奥迪A5轿车"，"TG"是"糖果"的汉语拼音首字母，68的数字编码是喇叭。可以这样想象：在广东，买奥迪A5轿车就送糖果和喇叭。

再看两个例子。

1. 湘C9XF78

"湘"是湖南的简称。"湘"可以谐音成"香"，"C9"可以令人想到飞机（C919），"XF"是"西服"的汉语拼音首字母，78的数字编码是青蛙。这个车牌可以这样想象：一架气味很"香"的"C919"飞机载着一只穿着西服的青蛙。

2. 鄂NC5577

"鄂"是湖北的简称。"鄂"可以谐音成"鳄","NC"是"奶茶"的汉语拼音首字母,5577可以谐音成"哭哭泣泣"。这个车牌可以想象成一条鳄鱼喝了有毒的奶茶,肚子非常痛,于是哭哭泣泣。

四、长段数字

1415926535897932384626433 83279,看到这么长的一串数字,你是不是感觉头都发晕?绝大部分人一生都不会接触这么长的数字。对于很多人来说,能把自己的手机号码记住就已经算不错了。

但我要说的是,数字渗透在我们生活、工作、学习的各个角落,掌握快速记忆数字的能力真的是太重要了。接下来,我就跟你分享快速记下长段数字的方法。

在开始之前,请你先复习一下第三章中数字定桩法部分的内容,再熟悉一下数字编码。

接下来,我们应用连锁法来记忆。什么叫连锁法呢?连锁法的意思就是将我们要记忆的信息转换成图像,然后像锁链一样,一环接一环地联结起来。

具体来说,是这样构造的:

1415,想象你拿着钥匙(14)去扎鹦鹉(15)的脑袋。

1592，想象鹦鹉用嘴巴去啄球儿（92）。

9265，想象球儿撞倒了绿屋（65）。

6535，想象绿屋压住了山虎（35）。

3589，想象山虎正在大口地吃芭蕉（89）。

8979，想象芭蕉上挂满了气球（79）。

7932，想象从气球上掉下来很多把扇儿（32）。

3238，想象扇儿扇飞了妇女（38）。

3846，想象妇女正在大口地吃饲料（46）。

4626，想象饲料被撒进了河流（26）里。

2643，想象河流冲倒了石山（43）。

4338，想象石山压住了妇女（38）。

3832，想象妇女抢到了一把扇儿（32）。

3279，想象扇儿扇破了气球（79）。

通过连锁法一环套一环，就可以把这30个数字给记下来。这30个数字看起来是不是有点眼熟？其实它们是圆周率小数点后30位。

我们再来看一段长数字，这是圆周率小数点后31到60位：50288419716939937510582097494。

我们同样需要熟悉数字编码。不同的是，这一次我们用故事法来记忆。

你可以想象武林盟主（50）一拳打向恶霸（28），恶霸跑到了巴士（84）上，在巴士上喝着药酒（19），吃着

121

鸡翼（71）。然后拿着漏斗（69）砸向了山丘（39），从山丘里飞出一把旧伞（93）。旧伞穿着西服（75）去打棒球（10），棒球砸到了尾巴（58）上。尾巴点燃了香烟（20），香烟烧着了旧旗（97），旧旗烧到了湿狗（49）身上，湿狗咬死了蛇（44）。

五、化学元素周期表

我们来记一些常见化学元素的名称、符号和相对原子质量。

元素名称	元素符号	相对原子质量	元素名称	元素符号	相对原子质量	元素名称	元素符号	相对原子质量
氢	H	1	铝	Al	27	铁	Fe	56
氦	He	4	硅	Si	28	铜	Cu	63.5
碳	C	12	磷	P	31	锌	Zn	65
氮	N	14	硫	S	32	银	Ag	108
氧	O	16	氯	Cl	35.5	碘	I	127
氟	F	19	氩	Ar	40	钡	Ba	137
氖	Ne	20	钾	K	39	铂	Pt	195
钠	Na	23	钙	Ca	40	金	Au	197
镁	Mg	24	锰	Mn	55	汞	Hg	201

氢可以令人想到"氢气球"，H的字母编码是椅子，1的数字编码是蜡烛。可以想象氢气球下面挂着椅子和燃烧的

蜡烛。

氦可以通过谐音想成"害羞",he是"他"的英文,4的数字编码是帆船。想象害羞的他爬上了帆船。

碳可以想成"炭",C的字母编码是月亮,12的数字编码是椅儿。想象月亮上很冷,要坐在椅儿上烤炭火。

氮可以想成"蛋",N的字母编码是门,14的数字编码是钥匙。想象用钥匙打开门去吃蛋。

氧可以想成"羊",O的字母编码是鸡蛋,16的数字编码是石榴。想象一只羊吃了鸡蛋和石榴。

氟可以想成"师傅",F的字母编码是斧头,19的数字编码是药酒。想象师傅用斧头打开了药酒。

氖可以通过谐音想成"奶奶",Ne可以想成"哪吒"。想象奶奶非常喜欢看《哪吒闹海》,前后看了20遍。

钠可以谐音成"娜",Na的字母编码是娜,23的数字编码是和尚。想象娜娜在寺庙里见到了和尚。

镁可以谐音成"美",Mg的字母编码是玫瑰,24的数字编码是闹钟。想象定的闹钟一响,就要把美丽的玫瑰花送出去。

铝可以谐音成"驴",Al可以想成"阿联"(易建联),27的数字编码是耳机。想象骑着驴的阿联戴着耳机在听音乐。

硅可以想成"乌龟",Si可以拼音成"四",28的数字

123

编码是恶霸。想象一只神龟打倒了四个恶霸。

磷可以想成"磷肥"，P的字母编码是皮鞋，31的数字编码是鲨鱼。想象用磷肥做的皮鞋给鲨鱼吃。

硫可以想成"硫酸"，S的字母编码是蛇，32的数字编码是扇儿。想象蛇拿着扇儿扇硫酸。

氯可以想成"绿色"，Cl可以想成"窗帘"，35.5可以用谐音想成"山虎电舞"。想象拉开绿色的窗帘看到山虎在跳闪电舞。

氩可以想成"乌鸦"，Ar的字母编码是矮人，40的数字编码是司令。想象司令命人抓住了邪恶的矮人和乌鸦。

钾可以谐音成"假"，K的字母编码是机关枪，39的数字编码是山丘。想象假的机关枪竟然打中了山丘。

钙可以想成"钙片"，Ca是"擦"的汉语拼音，40的数字编码是司令。想象司令擦拭着钙片。

锰可以谐音成"猛"，Mn的字母编码是美女，55的数字编码是火车。想象猛男和美女一起去坐火车。

铁的元素符号Fe有点像Fei，拼音成"肥"，56的数字编码是蜗牛。可以想象铁棒子上爬满了肥肥的蜗牛。

铜的元素符号Cu可以令人想到"醋"，63.5用谐音可以想成"刘三姐电舞"。想象喝完用铜壶装的醋之后，刘三姐去跳闪电舞。

锌可以想成"新的"，Zn是"智能"的汉语拼音首字母，65的数字编码是绿屋。想象新的智能的绿屋。

银的元素符号Ag可以想成"阿哥"，108可以想成梁山108好汉。想象阿哥把银子送给了梁山108好汉。

碘可以谐音成"店"，I的字母编码是蜡烛，127的数字编码是椅儿和镰刀。想象商店里面出售蜡烛、椅儿和镰刀。

钡可以通过谐音想成"宝贝"，Ba可以想成"爸爸"，137可以想成"要山鸡"。想象宝贝找爸爸要一只山鸡。

铂通过谐音可以想成"伯伯"，Pt的字母编码是葡萄，195可以想成"要酒壶"。想象伯伯除了吃葡萄还要酒壶喝酒。

金的元素符号Au可以谐音成"哎哟"。哎哟，金价已经跌到197元一克了。

汞可以谐音成"宫"，Hg的字母编码是火锅，201的数字编码是香烟和蜡烛。想象在宫殿里吃火锅的时候抽着香烟，点着蜡烛。

好了，在本节中，我们学习了如何快速记忆历史年代、亲人、朋友的生日，车牌号码，长段数字和化学元素周期表。

我们在这里总结一下：

（1）记忆数字要灵活，既可以使用编码，也可以使用谐音或其他的方式，记住是硬道理。

（2）记生日一定要与主人联系在一起，不要张冠李戴。

（3）记完了还要记得复习，以便于以后更快、更轻松地从大脑当中提取出来。

第五节
简答题的记忆方法

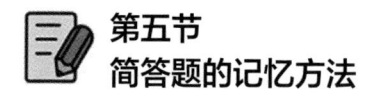

本节跟大家分享快速记忆简答题的方法。不管你是正在学习的学生,还是要考证的成年人,你都会遇到简答题。如果面对的简答题的字数比较少,我们可以把题目的关键字挑出来,用字头歌诀法记忆;如果内容比较多,我们可以从每句话中挑取关键词,用故事法把它们串起来。不管是字头歌诀法还是故事法,我们都要在脑海里想象图像或相关的场景。

接下来,我们来实践练习一下简答题的记忆。

和平共处五项原则

互相尊重主权和领土完整、互不侵犯、互不干涉内政、平等互利、和平共处。

为了方便记忆,我们把"互不干涉内政"和"互不侵犯"的位置调整一下。我们在每一项原则中找一个关键字。从"互相尊重主权和领土完整"中找关键字"主";从"互不干涉内政"中找关键字"内";从"互不侵犯"中找关键字"侵";从"平等互利"中找关键字"平";从"和平共处"中找关键字"和"。

将五个关键字组合起来,就形成了一句话叫"主内请平和"。我们常常听说"男主外女主内",因此可以想象,女人主内请有一颗平和的心。通过这句话,我们就能够把和平共处五项原则给记下来。

好了,我们再来看下一道题。

货币的五种职能

世界货币、价值尺度、流通手段、支付手段、贮藏手段。

我们可以用生活场景来把这道题记下来。用100元钱来打比方,人民币在世界上很多地方可以使用,所以叫"世界货币"。我们看一下数字100是不是"价值尺度"呢?这100元钱从我手里到你手里,这叫"流通手段"。你去店里吃饭,结账时把这100块钱给老板,这叫什么?这叫"支付手段"。老板把这100块钱揣到了自己兜里,这叫"贮藏手段"。我们通过这样一个生活场景,就可以把货币的五种职能给记下来。

下一道简答题的字数就有点多了。

半坡氏族时期的社会生活情况

普遍使用磨制石器,使用磨制石器的时代叫新石器时代,他们还使用弓箭;

原始农业已有发展,种植粮食作物粟。我国是最早种植粟的国家,已学会养猪狗鸡牛羊;

已使用陶器;

已学会建造房屋,过着定居的生活,已形成村落。

我们先通读两遍材料，理解材料的意思，然后在每一句话中寻找关键词。第1句话中可以找到关键词"磨制石器、弓箭"。第2句话中可以找到"粟、猪狗鸡牛羊"这些名词。名词很容易在我们脑海中形成图像。第3句话中可以找到关键词"陶器"。第4句话中可以找关键词"房屋、村落"。

利用这些关键词"磨制石器、弓箭、粟、猪狗鸡牛羊、陶器、房屋、村落"，我们来编一个故事：一群原始人拿着磨制石器和弓箭去抢了很多的粟。他们拿这些粟喂猪狗鸡牛羊。同时，他们还用陶器来建造房屋，房屋越建越多，于是形成了巨大的村落。

好了，我们接下来就可以用这些关键词来回想起每一句话，从而把这个简答题给回想起来。

通过"磨制石器、弓箭"可以回想起"普遍使用磨制石器，使用磨制石器的时代叫新石器时代，他们还使用弓箭"。

通过"粟、猪狗鸡牛羊"可以回想起"原始农业已有发展，种植粮食作物粟。我国是最早种植粟的国家，已学会养猪狗鸡牛羊"。

通过"陶器"可以回想起"已使用陶器"。

通过"房屋、村落"可以回想"已学会建造房屋，过着定居的生活，已形成村落"。

总结一下本节内容。我们通过关键字歌诀法记住了和平共处五项原则，通过故事法轻松地记下了货币的五种职能和一道字数不少的简答题。

相信你学会了这些方法以后，再记忆简答题，将会变得游刃有余，再也不会因为背简答题而烦恼。

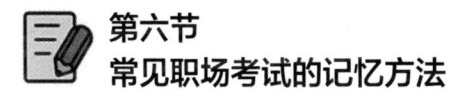

第六节
常见职场考试的记忆方法

这节课跟大家分享常见职场考试的一些记忆方法，会涉及公务员考试、教师资格证考试、司法考试以及医学类的考试。其实，职场上考试的记忆方法都是相通的。

如果我们碰到了选择题或者填空题这些比较短的内容，可以用词语联想配对法、字头歌诀法或故事法把它们串联起来。

如果遇到了简答题或论述题等字数比较多的题目，我们也可以使用定桩法来记忆。比如，标题定桩法、身体定桩法、地点定桩法、人物定桩法、数字定桩法、熟语定桩法和万事万物定桩法等。

我们的很多学员反映，他们掌握了方法之后，在大学有的轻松考研，有的被保送研究生。有的学员考教师资格证轻松通过，很多学员在社会上考证就更不在话下了。

我们先来看一下公务员考试会涉及的常识考题。

1. 中华人民共和国成立时，礼炮响了多少声？

A. 56　　　B. 28　　　C. 45　　　D. 36

正确答案是B。28的数字编码是恶霸，你可以想象，中华人民共和国成立时，礼炮响了28声，就是为了赶走恶霸。

2. 我国第一颗原子弹的名字是？

A. 小男孩　　B. 胖子　　C. 南瓜　　D. 邱小姐

正确答案是D。你可以想象，原子弹像一个球，这样就可以记住邱（球）小姐。

3. 长江发生洪水时，下列城市受威胁最大的是？

A. 杭州　　B. 重庆　　C. 郑州　　D. 武汉

正确答案是D。武汉可以谐音成"我汗"。你可以想象，长江发大洪水的时候，吓得我浑身都冒冷汗。

我们再来看一道简答题。

教师扮演的角色

传道者的角色；授业解惑者的角色；示范者的角色（榜样角色）；教育教学活动的设计者、组织者和管理者；朋友的角色；研究者的角色。

我们可以用数字定桩法来记这道题，用1~6来对应记下这6句话。我们用数字编码来联结每一句话的关键词。

第1句话"传道者的角色"可以找关键词"传道者"，1

的数字编码是蜡烛。你可以想象，蜡烛被你传到我的手上，你就是"传道者"。

第2句话"授业解惑者的角色"可以找关键词"授业解惑"，2的数字编码是鹅。你可以想象，一只鹅在教授别人做作业，并且还解答别人的疑惑。

第3句话是"示范者的角色（榜样角色）"，我们可以找关键词"示范"。3的数字编码是耳朵，"示范"用谐音可以想成"吃饭"。你可以想象，有一只耳朵很神奇，可以用来吃饭。

第4句话是"教育教学活动的设计者、组织者和管理者"，从中可以找关键词"教学活动"。4的数字编码是帆船。你可以想象，在帆船上有一场教学活动，教大家如何把帆船开得又快又稳。

第5句话是"朋友的角色"，从这句话中找关键词"朋友"。5的数字编码是秤钩。你可以想象，好朋友都要用秤钩拉住，免得跑掉。

第6句话是"研究者的角色"，从这句话中可以找到关键词"研究者"。6的数字编码是汤勺。你可以想象，有一个科学家每天都研究着汤勺，后来开发了汤勺的很多新功能。

至此，我们用数字编码1~6记下了这一道题。是不是觉得很简单啊？

> **民法的基本原则**
>
> 平等原则、自愿原则、公平原则、诚实信用原则、公序良俗原则、绿色原则。

对于这一道题,我们同样要找出每个知识点的关键词,它们分别是"平等、自愿、公平、诚实信用、公序、绿色"。

我们可以用故事法把这道题给记下来。你可以想象,有一个老师拿着一本《民法典》对学生说,"同学们,在这里学习的学生都是平等的。每个人在这里学习都是自愿的,不是家长强迫的。到期末的时候,每个人都要公平地参加考试,在考试的过程中要讲究诚实信用,不要作弊。如果有同学考出了好成绩,大家要恭喜他('公序'可以谐音成'恭喜'),这位同学自然就会有绿色好心情。"

我们来回忆一下这道题。第1点是"平等原则",第2点是"自愿原则",第3点是"公平原则",第4点是"诚实信用原则",第5点是"公序良俗原则",第6点是"绿色原则"。

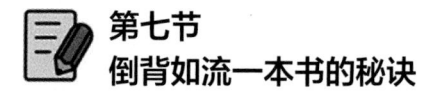

第七节
倒背如流一本书的秘诀

经常有人问我:"老师,怎样才能够把一本书背下来,并且能够做到抽背、点背,甚至倒背如流呢?"

我曾经花了不到两天的时间,就把一本200多页、81章、5000多字的《道德经》背了下来,并且经过我训练的学生,也能够在很短的时间内把这本书给背下来。

我究竟使用了什么方法呢?那本节我就跟大家来分享一下。我先跟大家讲一下背书的基本流程,再跟大家分享背书的具体方法。

现在我们就拿要挑战的《道德经》举一个例子。这本书的文字内容比较多,我们可以使用功能强大的地点定桩法来记忆。如果我们要把《道德经》这本书背下来,就必须准备足够多的地点。前面已经跟大家分享了找地点的方法。接着,我们只要把每句话想成画面,放在对应的地点上就可以了。

下面,我来带着大家实战练习一下,背《道德经》中整整一章的内容。

二 章

天下皆知美之为美,斯恶已。

皆知善之为善,斯不善已。

故有无相生,难易相成,长短相形,

高下相倾,音声相和,前后相随。

是以圣人处无为之事,行不言之教,

万物作焉而不辞,生而不有,

为而弗恃,功成而弗居。

夫唯弗居,是以不去。

打造你的记忆脑

这是《道德经》的第二章，总共有八句话，我们要找到八个地点。我们用下面这幅图来记忆《道德经》的第二章。

① 电视柜　② 电视机　③ 窗帘（左）　④ 白色纱窗　⑤ 窗帘（右）
⑥ 装饰画　⑦ 靠枕　⑧ 沙发　⑨ 地毯　⑩ 茶几

在这个案例中我们只需要八个地点，所以我们只选用前八个桩子就够了。可能有人会问，"老师，有两个窗帘，我们会不会混啊？"其实，大家不用担心，因为两个地点的位置不一样，一个是左侧靠上，一个是右侧靠下。

接下来，我们就要把每一句话想成画面，跟对应的地点相联结。

1. 电视柜—天下皆知美之为美，斯恶已

"天下皆知，美之为美"可以想成"天下人皆知，梅子味美"，"斯恶已"可以想成"死鳄鱼"。所以，在电视柜

134

上，我们可以想象天下人皆知梅子味美，但是吃死了鳄鱼。

2. 电视机—皆知善之为善，斯不善已

"皆知"可以通过谐音想成"戒指"，"善之为善"可以想成"拿着一把扇子围着扇风"。"斯不善已"可以想成"死不扇了"。在电视机这里，我们可以这样想象：你戴着戒指，拿着扇子围着电视机扇风，直到累死了才不扇了。

3. 窗帘—故有无相生，难易相成，长短相形

"故有无相生"可以通过谐音想成"有无响声"。"难易相成"，发出一个动作，"揽一箱橙子"。"长短相形"，你看这一箱橙子长短相形。我们可以想象，你去敲一敲这扇窗帘，听听有无响声；你又在这里揽了一箱橙子，看看长短。

4. 白色纱窗—高下相倾，音声相和，前后相随

"高下相倾"可以想象成个子高的和矮的相迎。"音声相和"可以想象成音和声互相附和。"前后相随"可以想象成前后有人跟随。你可以想象，在白色纱窗这里，个子高的和矮的互相迎接，音和声互相附和，很多人在这里前后跟随。

5. 窗帘—是以圣人处无为之事，行不言之教

你可以想象，在这扇窗帘这里，有一个圣人在处理无为之事，行不言的教育。

6. 装饰画—万物作焉而不辞，生而不有

你可以想象，这幅画里有一群人很勤劳，他们种了一万种植物，还在拼命地劳作，却从来不吃它们，因为他们生下来就不富有。

7. 靠枕—为而弗恃，功成而弗居

"为而弗恃"可以想象成年轻有为的儿子穿着服饰。"功成而弗居"可以想象成功成名就的儿子长着胡须。你可以想象，在靠枕这里坐了一个年轻有为的儿子，他穿着的服饰非常精致。他已经功成名就了，所以长出了很多的胡须。

8. 沙发—夫唯弗居，是以不去

"夫唯弗居"可以想成夫人围着胡须。"是以不去"可以象成死也不去。你可以想象这个儿子坐在沙发上，夫人要把他的胡须给围起来，说要带他上街去，他说死也不去。

好了，本节跟大家分享的是记住一本书的方法。用每一个地点对应一句话，这样做的好处是，当别人向你提问，问你第2章的第3句是什么时，你可以马上回想到第3个地点上面的内容。或者人家问你"为而弗恃，功成而弗居"这句话出现在这一章的第几行，你也能够马上回忆出来。

最后还要提醒大家，如果你想把整本书的内容都记下来，就要准备足够多的地点。

第八节
扑克牌的记忆方法

很多人对扑克牌记忆充满了好奇,惊讶于那些记忆大师们怎么能够这么快就把一整副扑克牌记下来。你们或许在《最强大脑》《挑战不可能》或世界记忆锦标赛的赛场上看过扑克牌记忆的比赛,甚至或许自己尝试过记下一整副扑克牌。相信有很多人想知道如何快速地记扑克牌。

目前的世界纪录是13.95秒记忆一副扑克牌,而选手在私下训练的时候可能会记得更快。

在前文,我已经跟大家分享过我记扑克牌的故事。刻苦训练扑克牌的情景,至今仍历历在目。其实,扑克牌的记忆对我来说原本是不可能的一件事情,因为我残疾的双手根本就拿不住一副扑克牌。但是天无绝人之路,我后来尝试把牌放在桌子上一张一张地推,凭借着我这一双残疾的手,在世界记忆锦标赛的赛场上,一小时内记下了打乱顺序的14副扑克牌。所以说世上无难事,只要肯攀登。

在这里,我以一种欣喜的心情把这种方法分享给你。按照我讲的方法去做,你也可以快速地把一副扑克牌记忆下来。在训练扑克牌记忆的过程当中,你会发现自己记牌的速度越来越快,你会感受到大脑的飞速转动。

要想记住扑克牌,我们要做到以下三点:

（1）对扑克牌进行编码，每张牌对应一个数字编码。

（2）准备好记扑克牌的足够多的地点。

（3）在记扑克牌的时候要快速地联结。

我们都知道，除了大小王，扑克牌被分为4种花色：黑桃、红桃、梅花、方块，而点数是A~K。

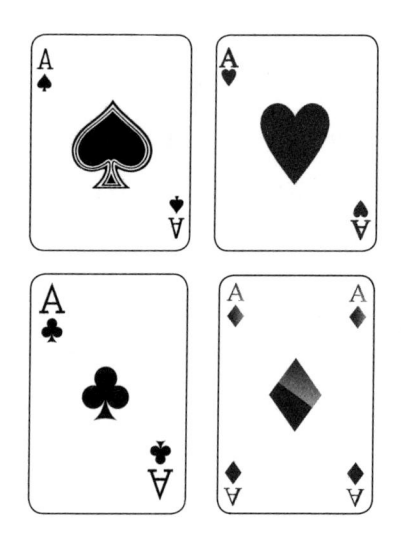

我们先按照花色来编码，黑桃是1（黑桃上面有一个尖），红桃是2（红心有两半），梅花是3（梅花有3个花瓣），方块是4（方块有4个角）。把花色的数字编码放在十位，而个位自然地补上扑克牌的点数，我们就得到了40张扑克牌的编码。剩余的12张扑克牌皆为J、Q、K牌。我们将J定义为5（J的形状像5），将Q定义为6（小写的9倒过来像数字6），将K定义为7（合理地推演）。对于J、Q、K

牌，我们将点数放在十位，而将花色放在个位。至此，全部的扑克牌都获得了数字编码。

将扑克牌转化为数字后，就可以顺其自然地使用数字编码来记忆了。记忆的时候使用的是地点定桩法，一个地点上放两个物体，即一个地点可以记两张牌，所以记一副牌总共需要26个地点。

我在前面的文章中已经跟大家讲过，怎样找到更多地点，大家可以根据自己的需求去找到足够数量的地点。

例如，我们要记下这样几张牌：红桃A方块K，梅花2梅花J，黑桃4红桃Q，方块2黑桃5，梅花Q方块J。

我们在下面的房间中找到5个地点（图中标出了10个地点，我们选用前5个），用一个地点记两张牌。

①餐桌　②装饰画　③沙发　④窗帘（左）　⑤白色纱窗
⑥窗帘（右）　⑦电视机　⑧电视柜　⑨地板　⑩茶几

1. 餐桌—红桃A方块K

红桃A的编码是21，21的数字编码是鳄鱼；方块K的编码是74，74的数字编码是骑士。你可以想象，一条5米长的鳄鱼把骑士扑倒在餐桌上。

2. 装饰画—梅花2梅花J

梅花2的编码是32，32的数字编码是扇儿；梅花J对应的编码是53，53的数字编码是乌纱帽。你可以想象，你拿着一把扇儿把乌纱帽扇进了墙上的画里。

3. 沙发—黑桃4红桃Q

黑桃4的编码是14，14的数字编码是钥匙；红桃Q的编码是62，62的数字编码是牛儿。你可以想象，在沙发上，你拿着钥匙插向牛儿的头，它痛得直摇头。

4. 窗帘—方块2黑桃5

方块2的编码是42，42的数字编码是柿儿；黑桃5的编码是15，15的数字编码是鹦鹉。你可以想象，你拿着一个篮球那么大的柿儿把鹦鹉砸向了窗帘。

5. 白色纱窗—梅花Q方块J

梅花Q的编码是63，63的数字编码是流沙；方块J的编码是54，54的数字编码是青年。你可以想象在白色的纱窗这里，流沙流得越来越多，把青年都给埋住了。

我们刚刚用5个地点轻松地记下了10张牌。你们可以尝试用剩下的地点记一下其他的牌。如果要把一整副牌都记下来，再准备一些地点就可以了。

相信你经过练习，你也可以成为扑克牌记忆高手。

第九节
人名面孔的记忆方法

我无数次听到别人向我抱怨自己总是记不住别人的名字和相貌。在社交的时候记不住别人的名字，在下次见到那人时确实略显尴尬。有很多人说自己是脸盲，对所见的人的面孔没有感知，他们总是很苦恼，认为自己是天生记忆力就不好。如果我们能够记住自己见到的每个人，是多么令人骄傲的事情。

其实，我之前在记人名面孔这方面也不是很厉害。我记得有一年，我碰到了一位几年不见的老邻居。这位老邻居问我，"你还记得我吗？"我摇摇头说，"我不记得"。这位老邻居略带失望地对我说，"我们做邻居做了好多年。"我的妈妈也在旁边不太相信地说，"你难道不认识他吗？"

当时我是很尴尬的，我后来仔细回想，这个邻居确实是我们的老邻居，而且爸爸妈妈和他的关系还不错，但是我怎么就想不起来他的面孔了？这件尴尬的事情在我心中停留了好久。

打造你的记忆脑

另一件事情让我显得更为尴尬。有一年我去亲戚家吃饭，饭桌上有位长辈对我说，"你还认识我吗？"我说我不认识，这位长辈说，"我们上次在一起吃饭，我们还聊了很久呢！"听到这话，我感到无地自容。这给人的感觉太不好了，明显就没有把别人放眼里嘛！

类似的事情多了，我也一度怀疑自己的记忆力是不是真的很差。直到接触记忆方法之后，我才开始有意识地训练自己的记忆力。经过记忆力的训练，我在记人名面孔这方面有了大幅度的提高。如今，我在这方面的能力让很多人感到惊叹。后来很多人问我是不是天生记忆力就这么好，我都会告诉他们我是受过了训练。

后来，我去参加世界记忆锦标赛中国选拔赛的时候，竟然在这个项目上获得了全国冠军的好成绩。从之前经常记不住别人的姓名，到成为中国记忆冠军，这中间的跨越令我自己都感到神奇。

而这一切都是有方法可循的。接下来，我就把记住人名面孔的方法跟你们来一一分享。

要想记住别人的姓名和面孔，最重要的就是观察能力。我是一个对周围充满了好奇的人，每到一个陌生的地方，我都会对周围进行观察。四周的情景会对我想起见到的人具有很大的帮助作用。

我对所见到的人也充满好奇。我会经常观察人的长相。有些人是胖的，有些人是瘦的，有些人是高的，有些人是矮的；有些人是年轻的，有些人是中年的，有些人是年老的；有些人的皮肤长得白，有些人的皮肤长得黑，也有些人的皮肤长得黄；还有一些人脸上会有青春痘、胡须、痣、印痕或者刀疤。有的人喜欢笑，有些人不苟言笑，还有些人冷淡。当你观察面孔的时候，他们会给你带来不同的情绪，你心里会对这些人产生一些感觉，如对他们有好感或下次不想再见。

其实，一个人的面孔是容易记忆的，因为面孔有很多可识别的特征，而且呈现给我们的都是画面，这是我们右脑最擅长记忆的。难度大的是要把名字和面孔相对应。

当然，我们不需要记住我们见到的每一个人，因为很多人只是萍水相逢，可能这一辈子都不会再见第二面。但我们要有意识地记住可能对我们未来产生影响的人。

当我们看到这样的人，我们要认真观察这个人的脸，然后询问这个人的姓名。最好是问清楚这个人姓名的每个字，和对方确认，以便于转换成图像，跟这个人的脸相联结。如果你感觉这个人的名字蛮有趣的，可以把你想到的画面告诉对方，说不定对方会哈哈一笑，这样名字就轻松记下来了。如果你看到这个人跟你其他的朋友或者熟人长得很像，或者名字也很像，你也可以把他们归类到一起，这样记起来就轻松多了。

记名字的方法就是我们前面讲的抽象词转图像的5种方

法,当然你也可以根据自己的经历创造出新的记忆方法。比如,我之前看到一个女孩叫陈卓宜,脸上有点婴儿肥,蛮可爱的样子。我就可以把她的名字想成"陈桌椅",想象她吃着陈皮把脸撑得老大,坐在桌子、椅子上。

我还有一个朋友叫陈佳,当我第一次见他的时候,我感觉他很瘦。我会把他的名字想成"成家",想象他变成了一个新郎官成家的场景。

我还有一个朋友叫叶雄,当我第一次见他的时候,我感觉他的头发不是很多,而且长得有点黑。我会把他的名字想成"野熊",想象他变成了一头野熊,然后用爪子把他的头发给拔了下来。

在跟别人打交道的过程当中,并不一定需要记住每个人的全名,有些人只需要记住他的姓就可以了。比如,有一个人的眉毛很浓,他姓吴,我就可以把吴想成蜈蚣的"蜈",想象他的眉毛上趴着一条非常长的蜈蚣,把他狠狠地蜇了一下。

又如,另外一个人姓郭,她的鼻子上有一颗痣。我就把这颗痣想成一口大锅,想象她的鼻子上有一口大锅正在炒菜。

现代的通信手段比较发达,如果与对方特别投缘,可以留下对方的联系方式,如微信、QQ、电话,辅助我们记下他们的信息。

总之,记人名和面孔的时候,一定要用心去观察。做一个有心人,再加上记忆技巧,你就可以事半功倍。在平时多加练习,你一定会成为人名面孔的记忆达人。

第十节
图形及色彩的记忆方法

不知道大家在平时学习的时候有没有遇到过这样的问题:学地理的同学记不住地图,学生物的同学记不住植物的结构,学医学的同学记不住身体器官的构造,记不住身体穴位的位置分布。

我们的大脑擅长记忆图像,但有一种例外,那就是抽象的图形。大多数人都觉得抽象图形很难记,那是因为他们没有掌握观察方法。

其实这些内容也是有方法记住的。我们要先把抽象的图形想象成我们熟悉的画面,这个画面我们可以自定义,然后把画面跟文字联结起来。这样,我们就可以牢牢地记住抽象的图形和色彩。

本节跟大家来分享记住车标的方法。相信很多人对这项内容很感兴趣。

这是大众汽车的车标:

中间有一个W，由W可以想到"大不溜"。你可以想象，有一辆车很大，开起来不溜、不滑，所以大众很喜欢它。

宝马的车标上面有三个英文字母BMW：

BMW可以想成"别摸我"。你可以想象，宝马车说，"我很贵的哟，别摸我，我是宝马"。

这是捷豹的车标：

这是一目了然的，你可以看出这是一只敏捷的豹子。

这是宾利的车标：

一提到宾利，大家都会觉得这是豪车。这个车标中间有一个B。这可以让你想到什么？宾客。B的旁边生出了一对翅膀。你可以想象，宾客挥动翅膀非常有力。

这是奔驰的车标：

这个车标是不是很像我们记录时间的时钟？你想一想，一辆车奔驰起来开得很快，就好像时间过得很快。

这是丰田的车标：

这个车标是不是很像牛角？"丰田"可以令人想到"丰收的田野"。你可以想象一头牛奔向了丰收的田野。以后看到这个车标，想必你一定不会忘记它是属于什么品牌的了。

这是玛莎拉蒂的车标：

很多人都想拥有这辆车，这也是很多人心目中的豪车。你看这个车标就像竖着的一个叉子。玛莎拉蒂让人想到"马上拉着弟弟"。你可以想象，马上拉着弟弟用这个叉子去叉鱼。

这是斯柯达的车标：

你看这圆圈里的图形像不像一只手？中间有洞的是手掌，左边是大拇指，上面还有三根手指。斯柯达可以用谐音想成"4根大手指"。

这是雷诺的车标：

雷诺可以用谐音想成"雷落"。你看车标左右两边是由数学符号小于和大于构成的，这两个符号都很像打雷的样

子。所以，可以想象，打雷落下来了就是雷诺。

这是兰博基尼的车标：

相信这辆车也是很多人心目当中的豪车。兰博基尼可以用谐音想成"男比基尼"，即一个男人穿着比基尼。这个车标的中间有一头牛。你可以想象，一个男人穿着比基尼正在斗牛。

总结一下：以后我们看到抽象的图形、色彩和文字的时候，要把它们转换成图像，并把它们联结起来。

好了，本节内容就讲到这里。

第五章
单词的记忆方法
CHAPTER 5

第一节
字母编码法

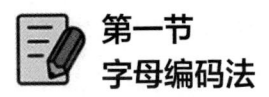

很多人在记单词上花了无数的时间，没有方法真是苦恼。我接下来分享的这些方法，将有效地提高你背单词的效率，节约你人生宝贵的时间。

一、字母编码法

单词是由一个个字母组成时，这些字母看起来毫无意义，非常抽象，大脑可不喜欢了。最有效的方式就是对它们赋予意义，以便在脑海中形成图像。

接下来我们就对26个字母进行编码，说白了就是把它们转换成图像。以后你看到字母就能在脑海中想起图像，这样记单词就轻松了。

a可以想成apple苹果，因为apple以a开头，也可以通过形状想成帽子（A）。b可以通过拼音想成笔，或者通过形状想成6。c通过形状可以想成月亮，也可以想成cat猫。d可以通过拼音想成弟弟或dog狗。e通过拼音可以想成鹅，通过形状可以想成眼睛。f可以通过形状想成斧头，通过拼音可以想成父亲。g通过谐音可以想成鸡,通过拼音可以想成哥哥。h通过形状可以想成椅子,通过拼音可以想成喝。i通过形状可以想成蜡烛或人。j通过形状可以想成鱼钩,通过拼音可以想成姐。k通过形状可以想成机关枪。l通过形状可以想成金箍棒。m通过形状可以想成麦当劳。n通过形状可以想成门。o通过形状可以想成呼啦圈或鸡蛋。p通过拼音可以想成皮鞋。q通过拼音可以想成气球,通过形状可以想成QQ企鹅。r通过形状可以想成小草。s通过形状可以想成蛇或美女。t通过形状可以想成雨伞,通过拼音可以想成他。u通过形状可以想成水桶。v通过形状可以想成漏斗。w通过形状可以想成皇冠,通过拼音可以想成乌鸦。x通过形状可以想成剪刀。y通过形状可以想成弹弓或衣撑。z通过形状可以想成鸭子。

为了方便同学们记忆,我把字母编码做成了表格。

字母	编码	字母	编码
a	苹果、帽子	k	机关枪
b	笔、6	l	金箍棒
c	月亮、cat(猫)	m	麦当劳
d	弟弟、dog(狗)	n	门
e	鹅、眼睛	o	呼啦圈、鸡蛋
f	斧头、父亲	p	皮鞋
g	鸡、哥哥	q	气球、QQ(企鹅)
h	椅子、喝	r	小草
i	蜡烛、人	s	蛇、美女
j	鱼钩、姐	t	雨伞、他

续表

字母	编码	字母	编码
u	水桶	x	剪刀
v	漏斗	y	弹弓、衣撑
w	皇冠、乌鸦	z	鸭子

下面开始实战练习。

1. assess [ə'ses] v.评估

a（苹果）+ egg（鸡蛋）+s（美女），可以想象吃苹果的两个美女和吃鸡蛋的两个美女在评估谁的食物更好吃。

2. blood [blʌd] n.血，血液

bloo（6100）+d（滴），可以想象有6100滴血。

3. gloom [glu:m] n.忧郁

gloo（9100）+m（米），可以想象你被老师罚跑9100米，心情很忧郁。

4. loose [lu:s] adj.松散的，宽松的

loo（100）+se（色），可以想象100种松散的颜色。

5. mail [meɪl] n.邮政，邮递

mai（买）+l（1），可以想象从邮政局买了一张邮票。

6. mend [mend] v.修理，修补

men（门）+d（弟弟），你可以想象门让弟弟给修理好了。

7. most [məʊst] n.大部分

mo（魔鬼）+st（石头），想象魔鬼拿走了大部分的石头。

8. train [treɪn] n.火车

tr（"土人"的汉语拼音首字母）+ai（爱）+n（门），可以想象土人爱爬火车门。

9. woo [wu:] vt.求婚

w（乌鸦）+oo（眼镜），可以想象乌鸦戴着眼镜在求婚。

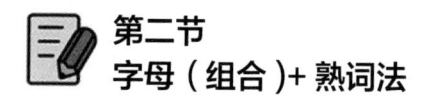

第二节
字母（组合）+ 熟词法

单个的字母可以编码转换成图像，那字母组合也可以编

码转换成图像。把常见的字母组合都记下来，在记单词过程中可以事半功倍。我们在记单词的时候，既会碰到单个的字母编码加上熟词，又会碰到字母组合加上熟词。

编码的原则：

1. 发音

比如，pr可以通过拼音想到仆人、烹饪；st可以通过拼音想到石头、石梯、尸体、身体；cr可以通过拼音想到超人。

2. 形状

ll形状像筷子或数字11；oo形状像望远镜；ee形状像两只眼睛。

3. 意义

IC可以令人想到IC卡；CD可以令人想到音乐碟片；AK可以想成AK-47步枪；com可以想成come（来）或computer（电脑）。

我把常用的字母组合编码好了，供大家参考和使用。

字母组合	常用编码	字母组合	常用编码
ab	阿爸、阿伯	ch	吃、菜花
ac	AC米兰	ck	刺客、仓库
ad	AD钙奶、阿弟	cl	出来、窗帘
ap	阿婆	co	可乐、一氧化碳
ar	爱人、矮人	com	来、电脑
bl	玻璃	cr	超人
br	白人、病人	cu	醋

续表

字母组合	常用编码	字母组合	常用编码
dr	大人、敌人	pr	仆人、烹饪
ee	两只鹅、两只眼睛	ra	热啊
er	儿子、二	rk	认可
fr	夫人、犯人	rt	人体、认同
fl	俘房、肥料	rs	认识
gl	公路、挂历	ry	容易、日夜
gr	工人	sc	商场、蔬菜
hy	花园	sl	饲料、司令
ic	IC卡	st	石头、石梯
im	一毛钱、姨母	sm	寺庙、扫描
ly	老鹰、鲈鱼	th	弹簧、天河
mini	迷你裙	tr	土人、土壤
ment	门徒	ty	太阳、汤圆
nt	农田、牛头	un	云（yun）、联合国
oo	望远镜	v	古罗马数字5
ph	炮灰、电话（phone）	wh	武汉、舞会
pl	漂亮、怕了	zy	作业、中医

接下来，我们就来实战练习一下。

1. brain [breɪn] n.脑

b（数字6）+rain（雨），可以想象有6滴雨滴到了脑袋上。

2. breath [breθ] n.气息，呼吸

br（不让）+eat（吃）+h（喝），可以想象既不让吃又不让喝，所以就不能呼吸了。

3. comedy ['kɑːmədi] n.喜剧

come（来）+dy（大爷），可以想象来了个大爷，很喜欢看喜剧。

4. goods [gʊdz] n.商品，货物

good（好的）+s（蛇），你可以想象好的蛇是不错的商品。

5. height [haɪt] n.高，高度

h（椅子）+eight（八），你可以想象一把椅子有八米的高度。

6. mushroom ['mʌʃrʊm] n.蘑菇

mush（mushi牧师）+room（房间），可以想象牧师在房间里种了很多蘑菇。

7. narrow ['nærəʊ] adj.狭窄的

nar（那人）+row（一排），可以想象那些人在狭窄的地方排成一排。

8. peasant ['peznt] n.农民，佃农

pea（豌豆）+s（蛇）+ant（蚂蚁），可以想象农民经常和豌豆、蛇、蚂蚁打交道。

9. planet ['plænɪt] n.行星

plane（飞机）+t（伞），想象飞机带上伞飞向了行星。

10. sword [sɔːrd] n.剑，刀

s（蛇）+word（话语），想象蛇说的话像剑刀一样锋利。

11. talent ['tælənt] n.人才，天才

ta（他）+lent（lend的过去式，借的意思），可以想象他把东西借给了天才。

12. tent [tent] n.帐篷

ten（十）+t（伞），可以想象用十把伞做成了一顶帐篷。

13. treat [tri:t] v.对待，看待

tr（土人）+eat（吃），可以想象土人对吃特别重视。

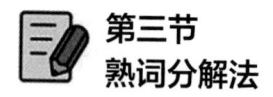

第三节
熟词分解法

熟词分解法，顾名思义，就是看到陌生的单词要在里面找熟悉的单词。用这种方法记单词简直是太幸福了，找到熟悉的单词之后，简单地联想一下就记下来了。

我们来看一些例子吧！

1. chairman ['tʃermən] n.主席，议长

chair（椅子）+man（男人），可以想象在椅子上坐着的男人是主席。

2. eggplant ['egplænt] n. 茄子

egg（蛋）+plant（植物），可以想象茄子就是植物上结的一个蛋。

3. forehead ['fɔ:rhed] n.前额

fore（在前面）+head（头），前额就是前面的头。

4. forget [fər'get] v.忘记，忘掉

for（为了）+get（获得），可以想象为了获得，必须忘掉某些东西。

5. handsome ['hænsəm] adj.英俊的

hand（手）+some（一些），这个英俊的人很大方，他经常会出手把一些东西给别人。

6. history ['hɪstri] n.历史，历史学

hi（嗨）+story（故事），你可以想象："嗨，这里有关于历史的故事。"

7. income ['ɪnkʌm] n.收入，所得

in（里面）+come（来），你可以想象，收入就是到里面来。

8. island ['aɪlənd] n.岛

is（是）+land（陆地），可以想象岛也是陆地的一种。

9. manage ['mænɪdʒ] v.管理

man（男人）+age（年龄），可以想象男人上了年龄就有更多经验做管理。

10. notice ['noʊtɪs] n.注意，通知

not（不）+ice（冰），注意，千万不要在冰面上玩耍。

> 打造你的记忆脑

11. output ['aʊtpʊt] n.输出，产量

out（外面）+put（放），可以想象输出就是往外面放。

12. passport ['pæspɔːrt] n.护照

pass（经过）+port（港口），可以想象经过港口时要出示护照。

13. playground ['pleɪɡraʊnd] n.操场，运动场

play（玩）+ground（地面），可以想象操场就是可以玩耍的地面。

第四节
谐音法

相信很多同学以前都用谐音法记过单词，但是老师都明令禁止，因为他们认为谐音会影响单词的发音。其实这是误区，记单词的第一个前提就是要发音标准，而谐音法是记单词的一个重要桥梁，它能够把单词转换成图像，让你轻松记下来。

还是来一些实战练习。

1. athlete ['æθliːt] n.运动员

谐音："爱实力"，运动员都爱有实力的。

2. champion ['tʃæmpiən] n.冠军，优胜者

谐音："抢拼"，可以想象要获得冠军就必须抢和拼。

3. fiction ['fikʃn] n.小说

谐音："非可神"，可以想象小说里描述了一个非常可怕的神。

4. goose [gu:s] n.鹅

谐音："故事"，你可以想象鹅非常喜欢听故事。

5. beach [bi:tʃ] n.海滨，海滩

谐音："荸荠"，可以想象海滩上长满了荸荠。

6. invention [ɪn'venʃn] n. 发明，创造

谐音："一瘟神"，可以想象发明了一种能够赶走瘟神的方法。

7. leave [li:v] v.离开

谐音："礼物"，可以想象带着礼物离开。

8. license ['laɪsns] n.执照，许可证

谐音："来审视"，可以想象执法人员来审视许可证。

9. monitor ['mɑ:nɪtər] n.班长

谐音："摸你头"，想象班长摸你的头。

10. sauce [sɔ:s] n.酱汁，调味汁

谐音："硕士"，可以想象硕士爱吃酱汁。

11. tissue ['tɪʃu:] n.纸巾

谐音："T恤"，可以想象T恤是用纸巾做的。

12. violin [ˌvaɪə'lɪn] n.小提琴

谐音："520"，你可以想象小提琴拉出了"520"的声

打造你的记忆脑

音，满满的爱意。

13. vocabulary [və'kæbjəleri] n.词汇

谐音："我可不能会"，可以想象词汇太难背了，我可不能会。

第五节
拼音法

我们的汉语拼音跟英文字母很多长得是一模一样的，所以我们就可以用熟悉的拼音来记陌生的英文单词。用汉语拼音来记单词是一件非常有趣的事情。

来看一些例子吧！

1. along [ə'lɔːŋ] adv.向前，进展

拼音：a（阿）+long（龙），可以想象阿龙一路向前。

2. anxiety [æŋ'zaɪəti] n.焦虑

拼音：an（一个）+xie（斜）+ty（太阳），一个斜着的太阳是让人焦虑的。

3. band [bænd] n.乐队，乐团

拼音：ban（班）+d（的），这个乐队的成员都是一个班的。

4. chaos ['keɪɒs] n. 混乱

拼音：chao（超）+s（市），可以想象混乱的超市。

5. house [haʊs] n. 房子，住宅

拼音：hou（猴子）+se（色），你可以想象猴子住在红色的房子里。

6. machine [mə'ʃi:n] n. 机器

拼音：ma（马）+chi（吃）+ne（呢），想一想，机器马吃什么呢？

7. pale [peɪl] adj.浅色的，苍白的

拼音：pa（怕）+le（了），可以想象，看到苍白的脸就怕了。

8. refuse [rɪ'fju:z] v.拒绝，回绝

拼音：re（热）+fu（肤）+se（色），大热天要拒绝出去逛街，不然肤色会被晒黑。

9. rule [ru:l] n. 规则

拼音：ru（入）+le（了），你可以想象，进入了就要接受规则的约束。

10. sand [sænd] n. 沙，沙子

拼音：sand（散的），可以想象沙子都是散的。

11. shade [ʃeɪd] n. 阴凉处，树荫处

拼音：sha（傻）+de（的），你可以想象有一个很傻的人待在阴凉处。

12. song [sɔ:ŋ] n. 歌唱，歌曲

拼音：song（送），有人送给你一首歌。

13. tie [taɪ] n.领带，绳子

拼音：tie（铁），可以想象领带上挂着铁片。

14. tire ['taɪər] v.（使）疲劳，困倦，厌烦

拼音：ti（题目）+re（热），做题目做得又热又疲劳。

15. wage [weɪdʒ] n.工资，工钱

拼音：wa（瓦）+ge（哥），可以想象做泥瓦工的哥哥每个月都能领到工资。

第六节
形似比较法

一些单词长得很相像，这会让很多同学搞混。实际上，我们只需要把不同的部分区别开来就可以了。

来看一些例子：

1. mask [mæsk] n.面具

  mark [mɑ:rk] v.做记号，标示

我们可以把这两个单词中不同的字母拎出来，s（美女）和r（小草）；想象美女带上面具给小草做记号和标记。

2. plane [pleɪn] n.飞机

　　plate [pleɪt] n.盘子

n（ni你）和t（tuo托）；想象你在飞机上看到有人托着盘子走来走去。

3. price [praɪs] n.价格

　　pride [praɪd] n.自豪

c（chi吃）和d（弟弟）；想象吃了一顿价格不菲的大餐，弟弟很自豪。

4. scarf [skɑ:f] n.围巾，头巾

　　scare [skeə(r)] v.惊吓，担忧

f（斧头）和e（鹅）；想象拿着斧头戴上围巾会惊吓到鹅。

5. team [ti:m] n.队，组，团队

　　term [tɜ:rm] n.学期

a（一个）和r（小草）；想象一个团队在这个学期研究小草。

第七节
字母换位法

这种方法可有意思了，把字母的位置换一下就会变成另外一个单词。

打造你的记忆脑

来看一些例子吧！

1. moor [mɔ:r] v.停泊

　room [ru:m] n.房间

可以想象房间里面停泊了很多辆自行车。

2. teem [ti:m] v.大量出现

　meet [mi:t] v.遇见

可以想象遇见两只眼睛大量出现。

3. flow [fləʊ] v.流动

　wolf [wʊlf] n.狼

可以想象自己看见了流动的狼群。

4. live [laɪv] v. 活着

　evil ['i:vl] n. 邪恶

活着不能邪恶。

第八节
词中词法

词中词法有点类似于熟词法，它是在陌生的单词当中找出熟悉的单词，而单词剩余部分还夹杂着一些拼音、字母编码。一旦利用你的火眼金睛找到词中词，记单词的效率至少翻倍。

来看一些案例：

1. boast [bəust] v.自夸

boat（小船）+s（美女），可以想象小船上的美女在自夸。

2. camp [kæmp] n.露营地；v.露营

cap（帽子）+m（妈），可以想象妈妈戴着帽子去露营。

3. movie ['mu:vi] n.电影

move（移动）+i（蜡烛），可以想象电影中有人在移动蜡烛。

4. nest [nest] n.巢，窝

net（网）+s（蛇），可以想象蛇在网里筑巢。

5. niece [ni:s] n.外甥女，侄女

nice（好的）+e（鹅），可以想象外甥女有一只很好的鹅。

6. noise [nɔɪz] n. 喧闹声，噪声

nose（鼻子）+i（人），可以想象鼻子里传出了人说话的

喧闹声。

7. palace ['pæləs] n.宫殿

place（地方）+a（一个），宫殿就是一个地方。

8. plain [pleɪn] n.平原

plan（计划）+i（我），想象自己计划搬到平原上去住。

9. sinister ['sɪnɪstə(r)] adj.险恶的

sister（姐姐）+ni（你），想象你的姐姐很险恶。

10. thirsty ['θɜːrsti] adj.口渴的，渴望

thirty（三十）+s（蛇），想象有三十条蛇很口渴。

第九节
综合法

当我们把前几种方法都学会了之后，遇到一些复杂的单词，我们可以用综合的方法来记忆。

下面是一些例子：

1. abandon [ə'bændən] v.放弃，抛弃

a（一个）+bandon（谐音："板凳"）；想象一个板凳被抛弃。

2. assassinate [ə'sæsɪneɪt] v.暗杀

ass（驴）+in（里面）+ate（eat的过去式，吃）；想象两

头驴在（仓库）里面吃草时被暗杀。

3. business ['bɪznəs] n.生意

bus（巴士）+in（里面）+e（鹅）+ss（两条蛇）；想象巴士里有一只鹅和两条蛇在做生意。

4. comfortable ['kʌmftəbl] adj.舒适的，愉快轻松的

com（come来）+for（为）+table（桌子）；你可以想象我的职责是为桌子旁的客人提供舒适服务。

5. restaurant ['restərɑːnt] n.饭店

rest（休息）+a（一个）+u（水桶）+r（人）+ant（蚂蚁）；想象在饭店休息的时候，看到一个拿着水桶的人在吃蚂蚁。

6. square [skweə(r)] n. 广场

s（蛇）+qu（去）+are（是）；可以想象蛇去的地方是一个广场。

7. straight [streɪt] adv.笔直地，直接

str（石头人）+ai（爱）+ght（桂花糖）；你可以想象站得笔直的石头人爱吃桂花糖。

8. teenager ['tiːneɪdʒər] n.青少年

teen（ten十）+age（年纪）+r（人）；青少年就是十几岁年纪的人。

9. theatre ['θiːətər] n.戏院，剧场

the（这）+a（一）+tre（tree树）；这个戏院里有一棵树。

10. translate [trænz'leɪt] v.翻译

trans（谐音："传声"）+late（迟到，延迟）；想象翻译传过来的声音总是延迟，太慢了。

附 录

数字	编码	数字	编码	数字	编码	数字	编码	数字	编码
00	望远镜	13	医生	35	山虎	57	武器	79	气球
01	小树	14	钥匙	36	山鹿	58	尾巴	80	巴黎铁塔
02	铃儿	15	鹦鹉	37	山鸡	59	蜈蚣	81	白蚁
03	凳子（三条腿）	16	石榴	38	妇女	60	榴莲	82	靶儿
04	零食（谐音）	17	仪器	39	山丘	61	儿童	83	芭蕉扇
05	手套	18	腰包	40	司令	62	牛儿	84	巴士
06	手枪	19	药酒	41	蜥蜴	63	流沙	85	宝物
07	锄头	20	香烟	42	柿儿	64	螺丝	86	八路
08	溜冰鞋	21	鳄鱼	43	石山	65	绿屋	87	白棋
09	猫（9条命）	22	双胞胎	44	蛇（嘶嘶）	66	蝌蚪（形状）	88	爸爸
1	蜡烛	23	和尚	45	师傅	67	油漆	89	芭蕉
2	鹅	24	闹钟	46	饲料	68	喇叭	90	酒瓶
3	耳朵	25	二胡	47	司机	69	漏斗	91	球衣
4	帆船	26	河流	48	石板	70	麒麟	92	球儿
5	秤钩	27	耳机	49	湿狗	71	鸡翼	93	旧伞
6	勺子	28	恶霸	50	武林	72	企鹅	94	教师
7	镰刀	29	饿囚	51	工人	73	花旗参	95	酒壶
8	眼镜	30	三轮车	52	鼓儿	74	骑士	96	旧炉
9	口哨	31	鲨鱼	53	乌纱帽	75	西服	97	旧旗
10	棒球	32	扇儿	54	青年	76	汽油	98	酒吧
11	筷子	33	星星（闪闪）	55	火车（呜呜声）	77	机器人	99	舅舅
12	椅儿	34	三丝	56	蜗牛	78	青蛙	100	试卷

结　语

这本书已经到了结尾，谢谢你们耐心地阅读，希望这本书能够对你们有所帮助。在这本书中，我跟大家分享了我的成长经历和我面对挫折、困难的人生态度，以及改变我人生命运的记忆方法。

在本书的结尾，我想跟大家分享一下学习的三个步骤，希望我们一起共勉：

第一个步骤是积累，第二个步骤是消化吸收，第三个步骤是分享和传承。

我先讲第一个步骤。要想学好记忆法，花时间练习是唯一的出路。你把时间投入在哪里，你就会在哪里得到结果。如果你愿意花时间在练习上，你的进步就能看得到。

在练习的过程中，可能你会感觉到孤独和寂寞，这种感觉我也有。当你有这种感受的时候，你可以花时间去玩，去刷手机，去打游戏，去和朋友消磨时间；你也可以学会苦中作乐，花时间练习。你会在记忆力的提升中收获成就感，你也会因为在班上成为背古文的高手而欣喜若狂，你更会因为在短时间内背下上百个单词而兴奋不已。

快乐分为低级快乐和高级快乐。低级快乐可以通过短暂的物欲来满足，如吃零食、买不错的衣服和鞋子、玩游戏、聊八卦等。而高级的快乐源于你有了更高的精神追求，你的学业每日精进，你对未知领域展开了探索，这些都会让你获得成就感，让你获得持续的快乐。追求更高的目标会让你更快乐，而学好记忆法能让你更好地达成目标。所以，我希望你在学习记忆法的过程中，为自己设立一个更高的目标。

第二个步骤是消化吸收。学了老师的方法，一定要自己亲自去实践。"学而时习之，不亦乐乎"，这个"习"字就代表着温习、练习。如果你不做这些，你就会忘记，等于白学了。

面对新的知识点，如古诗、简答题、单词，你可以用老师教你的方法尝试着记忆。在实践中，你一定会有自己的心得，甚至创造出新的方法。在这个过程中，你记的知识越来越多，你的技巧越来越熟练，这些进步将会融入你的生命当中。

第三个步骤是分享和传承。你是幸运的，你知道吗？还有无数人因为没有掌握方法，一直深陷死记硬背的漩涡，而你幸运地学会了这些方法。我希望当你掌握这么好的方法之后，能够跟更多人分享，帮助更多人提高学习效率，把你学习记忆法的喜悦也传递给他们。其实，人生很多的快乐和幸福是来自分享。我写这本书的初衷也是如此。

我希望这本书能够帮助你成为更好的自己。在未来，我们能有更多的能力和精力来帮助别人，回报社会，让这个世界因为我们而变得更精彩。

祝愿大家一切安好，祝愿你们梦想成真。

孙小辉